エンジニアになるための

初級工学練習帳

高橋　宏・本多博彦・牧　紀子　共著

養賢堂

■目次

- ■この本の特徴　　　　　　　　　　　　　　　　　　　　　　1
- ■この本の使い方　　　　　　　　　　　　　　　　　　　　　2

1) 「先入観にとらわれず,現象を正しく見極められる力」を養う練習問題　　3
    - 1-1) 「本当かな？」と思う気持ちが大事です　　　　　　　　4
    - 1-2) 入力と出力の関係は？　　　　　　　　　　　　　　　　6
    - 1-3) 自分で問題と答えを作ってみましょう　　　　　　　　　8

2) 「観察される現象から原因と結果の関係を分析・類推できる力」を養う練習問題　9
    - 2-1) システムを厳密に定義する　　　　　　　　　　　　　　10
    - 2-2) 不思議な現象に気づき,不思議の原因を探る　　　　　　13
    - 2-3) 使い方を想像してみる　　　　　　　　　　　　　　　　16

3) 「図,アナロジー,簡略化などにより真実を理解できる力」を養う練習問題　19
    - 3-1) コンピュータの中でデータを圧縮する方法　その1　　　20
    - 3-2) コンピュータの中でデータを圧縮する方法　その2　　　22
    - 3-3) マルチタスクやマルチコアの考え方　　　　　　　　　　24
    - 3-4) コンピュータを動かすアルゴリズムを知る　　　　　　　26
    - 3-5) 大きさの順番に並べる考え方　　　　　　　　　　　　　28
    - 3-6) コンピュータが得意な計算方法を知る　　　　　　　　　32
    - 3-7) 自分の位置を知る方法　　　　　　　　　　　　　　　　35

4) 「データに基づき客観的に分析・判断できる力」を養う練習問題　　37
    - 4-1) スマートフォンの仕様からターゲットユーザーを推定してみよう　38
    - 4-2) グラフから販売作戦を考えてみましょう　　　　　　　　40
    - 4-3) 自分で評価の尺度を作りましょう　その1　　　　　　　42
    - 4-4) 自分で評価の尺度を作りましょう　その2　　　　　　　44
    - 4-5) 車間距離を写真から推定する　　　　　　　　　　　　　47
    - 4-6) 制御ルールをグラフから読み取る　その1　　　　　　　50
    - 4-7) 制御ルールをグラフから読み取る　その2　　　　　　　52

5) 「観察したものや考え方を的確に説明・記述できる力」を養う練習問題　55
    - 5-1) 言葉だけで見ているものを伝える　　　　　　　　　　　56
    - 5-2) 折り紙の折り方を説明する　　　　　　　　　　　　　　59
    - 5-3) 考えるプロセスを文章にしてみる　　　　　　　　　　　62
    - 5-4) 人間とコンピュータの考え方の違い　　　　　　　　　　65
    - 5-5) 使う人の視点と作る人の視点の違い　　　　　　　　　　67

6) 「知識を活用し,現実的な値や形を決定できる力」を養う練習問題　69
    - 6-1) コンピュータ内部での文字表現　　　　　　　　　　　　70
    - 6-2) 自分でグラフを作って答えを見つける　　　　　　　　　74
    - 6-3) 製品の寸法を決める　　　　　　　　　　　　　　　　　76
    - 6-4) バッテリーの設計値を決める　　　　　　　　　　　　　80

6-5）	現実的な構造を考える	86
6-6）	現実的な構造から機能を考える	87
6-7）	川幅を求める	88
6-8）	山の高さを測る	91
6-9）	見かけの大きさと実際の大きさの関係	93

■最後に　　　　　　　　　　　　　　　　　　　　　　　　　　95

■解答のヒント　　　　　　　　　　　　　　　　　　　　　　　96

1）「先入観にとらわれず, 現象を正しく見極められる力」　　　　96
2）「観察される現象から原因と結果の関係を分析・類推できる力」　97
3）「図, アナロジー, 簡略化などにより真実を理解できる力」　　98
4）「データに基づき客観的に分析・判断できる力」　　　　　　101
5）「観察したものや考え方を的確に説明・記述できる力」　　　106
6）「知識を活用し, 現実的な値や形を決定できる力」　　　　　110

■著者紹介　　　　　　　　　　　　　　　　　　　　　　　　116

■この本の特徴

　大学を卒業し，会社に就職した新入社員がよくこんな話をしているのを耳にします．「大学で勉強したことだけでは，うまく仕事ができない．」とか，「解決しなければならない問題はわかっているつもりだが，そのためにどのような課題を設定して，どのような方法でその課題を解決していくのか，うまくイメージできない．」など新入社員らしい印象なのかもしれません．大学では，重要な知識をたくさん学びますが，それ等の知識を用いて世の中にある多様な問題を解決しようとすると，なかなか一筋縄ではいかないことに気づきます．大学で勉強した理論やケーススタディを実際の場面に適用したくても，条件が微妙に異なり，うまく適応できない場合や，理論通りに計算しても実際の現象と異なってしまうことなど多数あると思います．これらの悩みは，専門分野で経験を積むことでどのように対応していけばよいかを少しずつ体得し，自分なりの方法で解決策を見つけながら一流のエンジニアに育っていくのだと思います．また，多様な現象として現れる諸問題を整理して，何が重要な問題であり，その問題が起こる構造を明確に把握することも問題解決のための重要な視点だと思います．

　つまり，現象に対する公式，分析・解析の方法，問題解決のアプローチといった「必要な知識」や「典型的な解決策に関する定石」を知るだけでなく，この場面では，この知識，この場面では，この知識というように，「知識の使い方」を知らないとなかなか知識が役に立たないのです．現実に起こる問題は，大変複雑であり，単純化された理論では太刀打ちできません．それができるようになるのが，経験なのかもしれません．

　このような卒業生や新人エンジニアの声や自分たちの経験を通して，「知識」だけでなく，「知識の使い方」をトレーニングできる教科書を考えました．学校で習う知識をいかに総動員して，多様な問題の解答を見つけるスキルを身に付けるための練習帳です．問題の解答はズバリ正解でないかもしれません．また，ズバリという正解がない問題かもしれません．しかし，何が問題であるかがわからないお手上げの状況から近似解が得られる状況に代わることができれば，そこを手がかりにしてより正解（近似解）に近づくことができるのです．

　この練習帳で扱う技術分野は，機械系・電気系・情報系が中心ですが，扱う問題はどれも簡単な初歩的な問題です．必要なのは，「専門知識」ではなく，「知識を使う力」です．もっとわかりやすくいえば，「問題が何かをイメージでき，その問題にどのように立ち向かえば，解決に近づくのか」を考えるため力を養うための日常的な平易な問題を用意しました．本書では，「知識の使い方」を，以下の6つのカテゴリーに分類しました．

1) 　先入観にとらわれず，現象を正しく見極められる力
2) 　観察される現象から原因と結果の関係を分析・類推できる力
3) 　図，アナロジー，簡略化などにより真実を理解できる力
4) 　データに基づき客観的に分析・判断できる力
5) 　観察したものや考え方を的確に説明・記述できる力
6) 　知識を活用し，現実的な値や形を決定できる力

　一般的に，どんな分野でもエンジニアとして活躍するためには，「現象を観察する力」「現象を分析する力」「現象を数量化する力」そして，「総合的に判断する力」が必要であると多くの書にかかれています．また，会社という組織の一員として活躍するためには，自分の成果や努力を正確に周りの人たちに伝達できる「コミュニケーション力」も必要でしょう．こうしたいろいろな力を考えてみると，上記に分類した6つが特に重要であると考えました．まず，科学的な視点として，「先入観を持たないで正しく対象を見極められること．」自分で

はやがてんをして結論を決めつけてはいけません．そして，現状をよく観察してシステム（原因と結果）を明確に定義できる力が重要です．そのためには，「観察される現象から原因と結果の関係を分析・類推できる力」が重要になってきます．また，良く知らない知識を獲得したり，複雑な問題を把握するために「図，アナロジー，簡略化などにより真実を理解できる力」が必要になります．世の中の現象は非常に複雑ですが，その中で何が1番影響しているのかを正確に見極めるときなどに，重要な力のよりどころとなります．そして，やはり，科学的に現象を把握する力，数値による分析やグラフから必要なデータを読みだしたり，答えを得るために自分でグラフを作ったりする力が大事になります．それが，「データに基づき客観的に分析・判断できる力」です．また，先述したように，チームワークで仕事をする場合，あるいは，自分の作業経緯や成果を他人に伝えたりする場合，コミュニケーション力も重要です．この本では，「観察したものや考え方を的確に説明・記述できる力」としていくつかの練習を用意しました．そして，最後に，工学の本質は，いろいろな検討結果を実際の目に見えるものにして初めて完成するわけです．そこで，もの作りのために最終的な設計値に落とし込める力が必要となります．それが，「知識を活用し，現実的な値や形を決定できる力」です．

■ この本の使い方

　この6つの観点から作られた練習問題をクイズ感覚で考えてみてください．答えは，1つではない場合があります．できたら，周りの人たちと答えについて話し合ってみてください．まず，問題を読んだら，とにかく自分なりの考えをまとめて，文章にして書き留めてください．「考え」を「文章化」することは非常に重要なことです．頭の中でなんとなくわかっているように感じても，文章化してみると意外にはっきりしていないことがあります．だから，「○○は，△○だからそう考えた．」などのように，主語と述語を明確にして文章で書くことが重要です．その後で，機会があれば，周りの人たちと答えについて意見を述べあい，他の人の考え方を聞いてみてください．そして，この本の末尾にある答えのヒントを見てください．答えは，計算問題の答えのように1つだけ書いてあるものではありません．答えの考え方が書いてあるものもありますので，最終的な答えは，あなた自身で見つけてください．すぐその場でわからないかもしれませんが，いつも気にとめて考えていると，あるとき「ぱっ」とひらめくかもしれません．練習問題の分野は，コンピュータに関する情報分野，機械工学分野，認知科学，天文学などを含みますが，どれも簡単な内容ですので，知識というよりも考え方を体感するように心がけてください．では，まずは，やってみましょう．そして，友達と答えを話し合ってください．そうした経験は，社会に出てから大変役立つと信じています．

　この本の練習問題は，興味を持ったところから初めてかまいません．ただ，いくつかの問題は，関連している場合がありますので，本文中に先に練習しておいた方が好ましい練習問題を記す場合があります．まず，わかったつもりにならないで，とにかく練習問題の枠の中に文章を書いてみてください．そして，周りに話し合える友達がいたら，ぜひとも答えを話し合ってみてください．自分はそのように考えなかったのに，なぜ，その人はそう考えたのか，その理由を想像しながら意見を交流しましょう．絶対的な正解はありませんので，周りの人と答えが大きく違っても「間違えた」と考えないでください．そう考えた理由を思い出し，その理由が周りの人とどのように異なっていたのかを考えることが必要です．そして，周りの人との意見交流を通して，自分の「物事に対する考え方のくせ」に気が付いてください．自分の「くせ」を知ることは，これから経験を積んでいく過程で大変役に立ちます．ぜひ，楽しんでこの練習問題を終えることを願っています．

1）「先入観にとらわれず，現象を正しく見極められる力」を養う

練習問題

　エンジニアリングで重要なことは，三現主義といわれることがあります．「現場」「現物」「現実」に基づいて考えろという教えです．このことは，科学の本質に近いかもしれません．あくまでも，実際に起こっている現象について客観的に観察し，客観的事実に基づき思考を組み立てるという大原則です．「そんなはずはない．」とか，「それは，当たり前だ．」という先入観は正しい分析の邪魔物以外の何物でもありません．科学にかかわる人間はその点に注意しなければならないのです．しかし，世の中で生活していると「常識」の名のもとに，あるいは，「当然，そうですよね」という話者の一方的な誘導のもとにあまり「三現」を考えることをしなくなっています．ある意味，この複雑な現代社会で生きていくためには，そんな原点に戻っていられないのかもしれません．そこで，「三現」，いや，もっと普遍的な言葉にすれば，「原理」「原則」に立ち返ることが容易でないならば，自分が見るものに対して，「本当にそうなのだろうか？」といつも考えながら接する習慣を作ることです．これが考えるくせです．意外に当たり前に思っていることが，本当にそうなのか実はよくわかっていないことに気が付くはずです．まずは，説明文章を読んで，「ふーん」と納得しないで，「本当かな？」，「なんかおかしいぞ？」，そして，「だまされないぞ！」のつもりで文章に接してみましょう．また，「こんなこと簡単だよ．当たりまえ！」という問題が意外と重要で，当たり前でない場合があります．当たり前だと思って，考えようとしない．それは，大きな誤りです．ぜひ，見方を変えて，考え直してください．

1) 先入観にとらわれず，現象を正しく見極められる力

1-1)「本当かな？」と思う気持ちが大事です

　次の文章を読んで，文章の見出しを付けて見てください．また，これを読んで，どのような感想を持ったかも記述して見てください．1行でもよいので文字として感想をまとめて記述することは大変重要です．

　わが社が開発した抗酸化作用を持った健康サプリメントは，最近飛躍的に売上を伸ばしています．わが社の販売店にこられたお客さま 1,215 人に次のようなアンケートを行いました．
　「自分の健康に関心があり，健康維持のために何かよいことをやっていますか？」という問いに 87%の人が「Yes」と答えました．そして，その人たちにどのような健康維持活動をしているかを聞いたところ，1位がサプリメントの服用（49%），2位が毎日の運動（23%），3位がダイエットなどの食事制限（14%）（複数有）という結果になりました．
　この結果を見るとどれだけ多くの人が，サプリメントに関心があり，それが健康維持に繋がっているかがわかります．毎日の運動やつらいダイエットなどをしなくてもわが社の健康サプリを飲んで健康を手に入れてください．アンケート結果で 49%の指示を受けたわが社のサプリメントは，もはや日本の常識です．

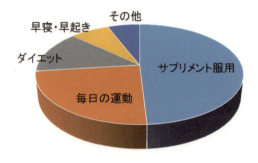

図 1-1-1　健康維持のためにすることに関するアンケート結果

　まず，この文章の見出し（タイトル）と読んだ感想を書いてみてください．頭の中にある感想をちゃんと文字にしてみましょう．

1）先入観にとらわれず，現象を正しく見極められる力

　皆さんは，どんな見出しを考えましたか？また，どのような感想を持ちましたか？見出しとしては，「サプリは日本の常識！」とか，「楽な健康維持はサプリメントで！」などのセンセーショナルなタイトルを作者は考えたかもしれません．
　また，感想としては，「なるほど，健康維持のためにサプリメントを多くの人が服用しているのだ！」と思った人がいるかもしれません．しかし，「なんか，納得いかないな？」とか，「なんか腑に落ちないな！」と感じた人もいるかもしれません．世の中に公表され，だれでも目にできる文章に書いてあることは，すべて本当のことであるように感じますが，それはわかりません．もう1回，今度は，「おかしいな？　書いてあることはうそだ．このうそを突き止めてみよう！」という感じで，読んでみてください．どこが，1番ウソっぽいのでしょうか？　その部分を見つけて，どこがおかしいか，文章として書いてみてください．最初からおかしいなと思った人は，何がおかしいのかを文章として記述してみましょう．おかしいと思わない人は，読み続けてください．

```
1-1-2)


```

　「本当でしょうか？」，「自分はだまされないぞ！」というつもりで読むと，違う感想を持つことがあります．疑って読んでみましょう．例えば，アンケートの結果からサプリメントの服用している人は，49%になっています．アンケートに回答した100人のうちに100×0.87×0.49＝42.63　つまり約43人はサプリメントを飲んでいるということです．日本人の常識といわれるとサプリメントを服用している人がちょっと多すぎるような気もしますし，そんなものかなとも思います．でも，もう1回良く考えてみましょう．
　なんか，おかしくありませんか．アンケートに回答した1,215人の素性です．アンケートに回答しているのは，この会社の販売店に来たお客さんであり，ある意味，この会社のサプリメントに何らかの興味があるから店に来た人たちです．あるいは，すでにサプリメントを飲んでいる人たちがサプリメントの不足分を買いに来たついでにアンケートに答えているのかもしれません．つまり，平均的な日本人100人のうち43人がサプリメントを飲んでいるのではなく，この会社の製品に関心のある100人のうち43人がサプリメントを飲んでいると解釈できます．これで，「日本の常識」というのはおかしいですね．また，宣伝の文章では，「この結果を見るとどれだけ多くの人が，サプリメントに関心があり，それが健康維持に繋がっていることがわかります・・・」と書いてあります．ただ，アンケートの結果では，「サプリメントを服用することとそれが健康に繋がっていることは何も触れられていません．」つまり，なんとなく，読者が思っている「サプリメントを飲めば健康になるかもしれない」という先入観を利用して，アンケートで得られてもいない結果について言及しているのです．事実に基づかない宣伝であるわけです．
　こんな極端な例はあまりありませんが，世の中には，意外と似たような結果によって説得されてしまうことがあるのです．物事を考えるときに，必ず，「ふーん，そうなんだ！」ではなく，「本当かな？」というつもりで読んでみることが大切です．そして，そんなものなのだという先入観は禁物です．文章を読んでいて，その内容をいつも自分の頭で確認・検証するくせが付くと良いと思います．

1) 先入観にとらわれず，現象を正しく見極められる力

1-2) 入力と出力の関係は？

普段何気なく見ているものでも，見方を変えるといろいろ別の役目や姿が見えてきます．例えば，掃除機を考えてみましょう．掃除機は何をする道具でしょう？　簡単ですね．部屋をきれいにする道具です．いいかえれば，掃除する道具です．では，もう1歩進めて，掃除機が備えている普遍的な機能とは何かを考えてみましょう．図 1-2-1 のように入力と出力を考えるとわかりやすくなります．入力は何で，出力は何でしょうか？できるだけ，普遍的に考えてみましょう．普遍的とは，「入力：綿ほこり，　出力：排気の空気」といった具体的な名称ではなく，「入力：個体，　出力：気体」とかのようにより広い概念を表す言葉で表現するという意味です．もっと広い入力と出力の表現があると思います．

図 1-2-1　装置の機能を考える

掃除機の入力と出力を考えて，下の枠に書いてみてください．

1-2-1)

多くの人は，入力＝ゴミ，出力＝排気（空気）と書いたのではないでしょうか？入力と出力の関係に着目すると入力される物質の総量と出力される物質の総量は同じ質量でなければなりません．もし，そうでなければ，装置の中に物質が無限にたまってしまったり，装置の中から物質が無限に生まれてくるという不可解なことが起こってしまうからです．つまり，掃除機にたまるゴミも出力の1つと考えられます．すると，出力＝ゴミ＋空気　ということになります．では，入力＝ゴミとすると，空気が装置の中からわいてきたことになってしまうので，おかしいですね．よって，入力＝空気＋ゴミなのです．ただ，入力と出力が同じになってしまうので，わかりやすくいえば，入力＝ゴミが混じった空気，　出力＝分離したゴミの塊と空気と考えます．もちろん，掃除機の排気口から出てくる空気には，まだ，小さなゴミが含まれているかもしれませんが，仮にものすごいフィルターができたとすれば，排気の中のゴミはほぼなくなると思えばよいのです．つまり，掃除機はゴミだけと空気だけに分離する装置と考えることができます．掃除機は，掃除をする装置なのですが，装置の機能としては，混ざったゴミと空気をゴミだけと空気に分類する装置なのです．聞いてみれば，当たり前かもしれませんが，あまり今まで考えたことのない考え方ではないでしょうか？

1) 先入観にとらわれず，現象を正しく見極められる力

　ただ，ゴミの定義がはっきりしていません．あなたにとってのゴミも私にとっては宝かもしれません．そこで，もっと掃除機の機能を普遍的に考えれば，入力＝（A+B）（物質 A と物質 B の混合物）を出力＝（A）＋（B）（物質 A と物質 B）に変化させる装置と考えられます．もちろん，完全な物質 A と物質 B の分類フィルターができた場合の理想的な機能です．しかし，不完全ながら，この分離機能こそが掃除機の普遍的な機能なのではないでしょうか．

　さて，そう考えたとき，次の図 1-2-2 を見てください．掃除機の仲間はどれでしょうか？今のように，それぞれの装置の入力と出力を普遍的に考え，装置の機能を考えることによって掃除機の仲間を見つけてください．

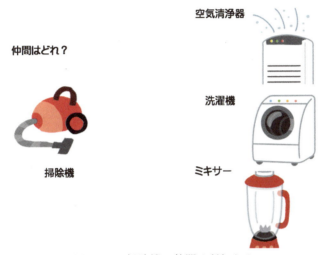

図 1-2-2　掃除機の仲間はどれか？

掃除機の仲間は，どれでしょうか？　下に書いてみましょう．

1-2-2）

　空気清浄機の入力はゴミの混ざった空気で出力はフィルターに引っかかったゴミと空気ですから，掃除機とまったく同じですね．では，洗濯機はどうでしょうか？洗濯機の入力は，脂分などの汚れが付着した繊維（布）と水と洗剤と考えれば，出力は，脂分などの汚れが溶け出した水と汚れが移動した繊維と考えられます．つまり，ゴミの混ざった空気をゴミと空気に分離した掃除機と機能的には全く同じなのです．だから，洗濯機と掃除機は混合物を分離するという意味で同じ機能を持っていると考えられます．洗濯機の場合，汚れだけがまとまって捨てられるわけではなく，汚れが水に混じっているので，分離されたと考えてよいでしょう．最後に，ミキサーの入力は水，果物 A，果物 B としましょう．出力はそれらの混合物です．少なくとも分離はしていません．よって，掃除機の機能とは異なると考えられます．このように日ごろ接している身近な機械をちょっと深く考えてみるだけで，ちょっとだけ違う世界が見えてくるのです．掃除機はゴミを扱うものという先入観で決めつけてはいけません．

1) 先入観にとらわれず，現象を正しく見極められる力

1-3) 自分で問題と答えを作ってみましょう

　　1-2）で練習した仲間を見つける問題をもう1問やりましょう．いま，何の脈絡もなく，4つの「もの」を用意しました．オムライス，茶わん，朝顔，柴犬です．まったく関係ないように見えますよね．食べ物，無機物，植物，動物．さて，オムライスの仲間を見つけてください．仲間がいないという答えはありません．ただ，正解はありません．あなたがどれだけ，それぞれのイメージを膨らませて，共通点を見つけられるかが重要です．あなたの知識を総動員して，自分で共通点を作りだし，オムライスの仲間を見つけてあげてください．また，任意に仲間を指定して，その共通点を考えてみましょう．例えば，「オムライスは，茶わんと仲間で，朝顔と柴犬とは仲間でないとします．」その理由を考えてみましょう．
　　頭をフルに回転させ，共通点を見つけてみましょう．例えば，「オムライスの入っているお皿も茶わんも無機物（瀬戸物）ですが，朝顔と柴犬は，有機物です．」のようなトンチゲームの回答もあるかもしれません．「お皿の中身のオムライスは？」といわれそうですが，かんぺきな答えは必要ありません．いろいろな組み合わせで，仲間探しをしてみましょう．

図 1-3-1　仲間はどれかを見つけ出す

あなたの問題と解答例を文章にしてみましょう．そして，友達と質問しあいましょう．

1-3-1)

2) 観察される現象から原因と結果の関係を分析・類推できる力

2)「観察される現象から原因と結果の関係を分析・類推できる力」を養う練習問題

　次の練習は，もう少し，難しくなってきます．1) で練習した「現象を正しく見極める．」ということは，「ものごとの因果関係を理解する．」とか，「システムの入力と出力の関係を理解する．」ということに繋がってきます．そうした視点を勉強してみましょう．よく「原因と結果」とか「入力と出力」とか何気なく聞く言葉です．でも，深く，真剣に考えてみると意外と難しいことがわかります．今まで，「この原因があれば，こうなる結果は当たり前だよ．」とか，「これが入力されたらこれが出力されるのは，当然です．」など何も意識しないで考えてきたと思いますが，もう1回，足元を見つめ直してみましょう．1) で練習したように，違う景色が見えてくるはずです．そして，さらに 2) では，原因と結果の関係，もしくは，入力と出力の関係からどのような相互関係に基づいているかを想像する「システム同定」という考え方も体験します．なぜ，こういう結果が得られるのか，不思議を解明する楽しい時間であるはずです．

2）観察される現象から原因と結果の関係を分析・類推できる力

2-1) システムを厳密に定義する

　1-2）の問題で身近な装置の入力と出力について考えましたが，「装置」を「システム」といいかえることができます．「システム」という言葉は，いろいろなところで耳にします．新幹線の「座席予約システム」とか，「防犯システム」，「セキュリティーシステム」など機械にかかわるものから，「金融システム」とか「チャンピオン育成システム」など様々な「システム」が存在します．システムという言葉には，まだ，厳密な統一的な定義が決まっていないようですが，一言でいえば，入力と出力の関係を示すものと考えても大きな間違いではありません．つまり，1-2）で示した装置をシステムと置き換えてもよいのです．さて，図2-1-1をシステムと考え，入力と出力を時間の流れで考えれば，図2-1-2のように入力が「原因」であり，出力が「結果」と考えることもできます．

図 2-1-1　システムとは

図 2-1-2　システムの別の表現

では，1-2）の問題で勉強した掃除機をシステムとして考えたときに，入力は何であり，出力は何であるかをもう1回復習しておきましょう．ただし，今度は，入力や出力を普遍的に定義するのではなく，具体的な物質を厳密に定義してみましょう．

2) 観察される現象から原因と結果の関係を分析・類推できる力

図 2-1-3　掃除機システムの入力と出力

入力，出力の物質は何でしょうか？

2-1-1)

1-2) で述べたように，入力はゴミの混じった空気ですね．でも，もう少し，厳密に入力と出力の関係を考えてみましょう．もっと細かく考えれば，掃除機は電気エネルギーでモータを回すわけですから，電気エネルギーが入力されています．出力も厳密に考えてみましょう．出力は，ゴミと排気の空気と熱くなったモータや排気口から出る熱があります．また，モータが回転することで発生する振動や音がありますね．よって，厳密にいえば，掃除機は，図 2-1-4 のように 2 入力 4 出力のシステムと考えることができます．

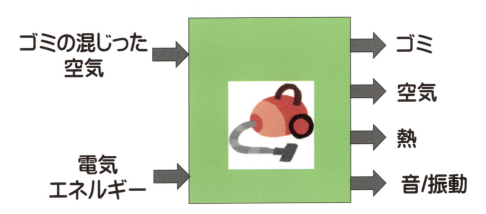

図 2-1-4　掃除機システムは 1 入力 2 出力

さて，それでは，次のシステムを考えてください．太陽系宇宙のことを「Solar system」といいます．そうです，システムです．宇宙，太陽系もシステムなのです．そこで問題です．

2）観察される現象から原因と結果の関係を分析・類推できる力

図 2-1-5　太陽系の中の地球

　地球の入力は何でしょうか？また，地球の出力は何でしょうか？　入力も出力もない？でも，地球も太陽系の一部です．外界との関係を持たない閉鎖された，つまり入力と出力がない地球ということは，自然界ではちょっと考えにくいですね．ゆっくり調べて，答えを出してみてください．意外なことがわかりますよ．いろいろな本を調べてみましょう．

2-1-2)

2）観察される現象から原因と結果の関係を分析・類推できる力

2-2) 不思議な現象に気づき，不思議の原因を探る

　最初に図 2-2-1 を見てください．どんなふうに感じましたか，見たときに感じたことを正直に書いてみましょう．

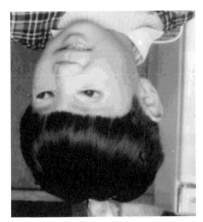

図 2-2-1　顔をひっくり返した図

　例えば，「顔がさかさまの写真」とか，他に気が付いたこと，気になったことを書いてみてください．

```
2-2-1)



```

　では，次の図 2-2-2 を見ましょう．この図は，図 2-2-1 を 180 度回転した図です．この回転した図を見て感じたことを正直に書いてみてください．変だったこと，「おや？」と思ったことなどなんでも書いてみてください．

2）観察される現象から原因と結果の関係を分析・類推できる力

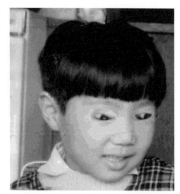

図 2-2-2　図 2-2-1 を 180 度回転した図

2-2-2)

「お？なんか変だな」と思ったことはないですか？どんな小さいことでも感じたことがあれば，書いてみましょう．

　図 2-2-1 と図 2-2-2 を見てこんな感想を持った人がいました．「図 2-2-1 を見たときは，目が気にならなかったのに，図 2-2-2 で顔を正常な位置に戻すと，なんか，目に違和感がある．変なように感じる．」実は，図 2-2-1 は，両目の部分だけを取り出し，反転して元の絵に合成しているのです．つまり，顔がさかさまのときには，目が正しい位置で，顔を正しい位置にすると目がさかさまな位置になるのです．

2）観察される現象から原因と結果の関係を分析・類推できる力

大事なポイント＞

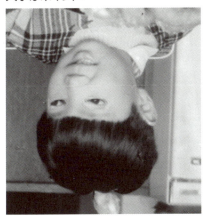 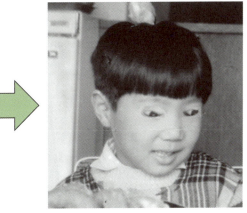

図 2-2-3　一緒に見ると・・・

「目の向き（正逆）」と「顔の向き（正逆）」について，この2つの図の比較からどんなことが考えられますか？　簡単でもよいので，文章として表してみましょう．

```
2-2-3)
```

例えば，こんな感想を持った人がいました．

　「図 2-2-1 のさかさまの顔を見たときには何とも思わなかったのに，図 2-2-2 で顔を正常の位置に戻すと目がおかしいことに気が付きました．なぜ，さかさまの顔のときに目の向きがおかしいことに気が付かなかったのかが不思議です．」

　「顔がさかさまのときに，目が反対であることに気が付かなかった．顔を普通の位置にして初めて目がおかしいことに気が付いた．」

```
2-2-4)
```

　あなたはどうでしたか？なんとなく，同じようなことを考えませんでしたか？　もし，似たような感じ方をしたとすれば，なぜ，そう感じるのでしょうか？また，あなたがそう感じなかった場合でも，なぜ，この人はそう感じたのでしょうか？その理由を考えてみてください．

2）観察される現象から原因と結果の関係を分析・類推できる力

2-3) 使い方を想像してみる

　世の中には，何に使うのかすぐにはわからないものの，実際に使ってみるとすごく便利なものがあります．いわゆる，アイディア商品と呼ばれるものかもしれません．ここでは，1つのアイディア商品が何をするためのものか考えてください．何のためにその形になっているのかを想像して，使い方を考えてください．

　使い方を考えてもらうアイディア商品は，2つの部品からできています．図2-3-1と図2-3-2のような形をしています．大きさは，一緒に映っているボールペンの大きさを参考にしてください．図2-3-1の部品をA，図2-3-2の部品をBとします．

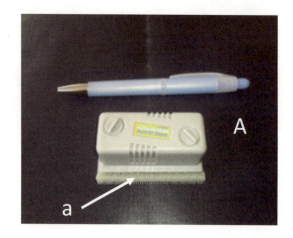

図 2-3-1　部品 A

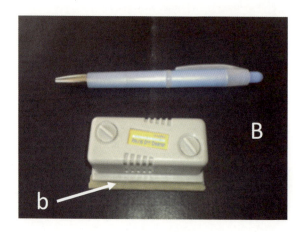

図 2-3-2　部品 B

　部品Aと部品Bの大きさはほぼ同じです．部品Aは，プラスティックでできていて1つの面は，表面がザラザラしています（aの部分）．部品Bも同様にプラスティックでできて

2) 観察される現象から原因と結果の関係を分析・類推できる力

いますが，部品 A のザラザラしているところが，部品 B では，ネルのような柔らかい布になっています．（b の部分）．ここまでの説明で，この商品が何に使うのか，想像してみてください．

2-3-1)

　どうですか？わかりましたか？もし使ったことがある人は，簡単にわかるかもしれませんが，使ったことがない人は，なかなか想像するのは難しいと思います．そこで，もう 1 つ重要な特徴があります．図 2-3-3 に示すように，部品 A で a のザラザラした表面と部品 B で b の布の面がそれぞれの部品の内部に入っている永久磁石によってお互いに引き合い，お互いに接着しようとするのです．これが，この商品を考えるときの重要なヒントです．

図 2-3-3 磁石でお互いに引き合う

　さあ，ここまでのヒントで何に使うか，頭に思いついた答えを書いてみてください．

2-3-2)

　すぐあきらめないで，とにかく使い道を考えて，文章にしてください．

　どうですか，もうわかりましたか？もし，わからないなら，図 2-3-4 を見てください．ガラスを挟んで部品 A と部品 B が磁石で引き合っています．この場合，一方の部品を動かすと，他方の部品も一緒に動くところがこの商品のポイントです．

2）観察される現象から原因と結果の関係を分析・類推できる力

図 2-3-4　ガラスを挟んで一緒に動く

　もうわかりましたか？ただ，なぜ一方の部品の表面がザラザラしていて，もう一方の部品の表面がネルの柔らかい布でできているのかわかりますか？何か，ひらめきましたか？文章にしてみましょう．

2-3-3）

　実は，水槽の内側に付いたコケなどの汚れをはぎ取る商品なのです．ザラザラした面を持つ部品 A を水槽の中に入れ，ネルの布が貼ってある部品 B を水槽の外側にして両者を磁石でくっつけます．そして，外の部品 B を動かすと磁石で水槽内の部品 A も動き，部品 A のザラザラした面で水槽の内側に付着したコケをはぎ取るのです．まさにアイディア商品ですよね．なお，ここで紹介したアイディア商品は，エヴァリス　ラウンドオフ　クリーナー　ミニという商品です．
　http://www.fish-neos.com/item/109398.html

3) 図，アナロジー，簡略化などにより真実を理解できる力

3)「図，アナロジー，簡略化などにより真実を理解できる力」を養う　練習問題

　複雑な現象や関係を理解するときに，単純化した図を用いたり，身近な現象にたとえたりして物事の概要を知ってから，詳しく勉強していくという方法があります．この方法は，科学では重要な勉強方法の1つだと思います．とりわけ，目で直接見ることができない電気の仕組みやコンピュータの中でのデータの流れなどを理解するのに，この方法は大変役に立ちます．ここでは，ちょっとわかりにくい情報の流れ，コンピュータの処理の仕組みをこの方法で理解してみましょう．

3）図，アナロジー，簡略化などにより真実を理解できる力

3-1）コンピュータの中でデータを圧縮する方法　その１

　画像や動画を送信するときなどに「圧縮」という言葉をよく聞きますが，そもそもデータを圧縮するとはどういうことでしょう？　なんとなく「ぎゅっ」とつぶして，小さくしたようなイメージですが，本当のところは？？？？？　この「ぎゅっ」とするイメージをデータで考える前に，皆さんの普段の行動から考えてみましょう．

　友達と出かけた際に，ドリンクスタンドでドリンクを買うことになりました．バラバラに買うのではなく，あなたが代表して買ってこよう！と申し出ました．A君は「コーヒー」，Bさんは「ウーロン茶」，C君は「コーラ」，D君は「ジュース」，E君は「コーラ」，Fさんは「ジュース」，G君は「コーヒー」，H君も「コーヒー」，あなたは「ウーロン茶」とバラバラです．さて，あなたはどのように店員さんにオーダーをしますか？

　効率の良いオーダー方法とはどんな方法でしょうか？下に書いてみましょう．

3-1-1)

　あなたは店員さんにオーダーするときに，A君が頼んだものから順番にいいますか？この方法は結構大変ですよね？そこで，恐らく，「コーヒー3つ，ウーロン茶2つ，コーラ2つ，ジュース2つ」と同じ種類のものをまとめてオーダーするのではないかと思います．そうすると，9人分のドリンクの注文を「ぎゅっ」とまとめられますね．この「同じ情報をまとめる」という考え方を応用したものがデータの圧縮になります．

　では，ここでさらに考えてみましょう！　デジタルデータとは「0」と「1」だけで表されているデータのことです．例えば，図3-1-1のようなデジタルデータがあります．これを「ぎゅっ」とまとめて，送りたいと思います．どのように「ぎゅっ」とすればよいでしょうか？「ぎゅっ」とまとめられたデータは，受け取ったら元に戻せるように考えてください．

| 0 | 0 | 0 | 1 | 1 | 1 | 1 | 1 | 0 | 0 | 1 | 0 | 1 | 1 | 1 | 1 | 1 | 1 | 0 | 0 | 0 | 0 | 0 | 0 | 0 | 0 |

図 3-1-1　デジタルデータの圧縮

3-1-2)

3）図，アナロジー，簡略化などにより真実を理解できる力

　図3-1-1で最初は「0」が3個，次に「1」が5個と続きますので，「0315・・・」となります．全体では，「03150211011609」のようになりましたか？他の表現方法は見つかりましたか？ドリンクのオーダーと同じように考えてみると，データの「種類」とそのデータが連続して現れる「数」だけを示していく方法を思いついたのではないでしょうか？もともとのデータは「27」個の「0」と「1」でしたが，この方法で表すと「14」個に「ぎゅっ」と縮まりましたね．この場合は，「27」個が「14」個のデータで表現できたわけですから，14÷27＝0.518…，すなわち，圧縮率は約「51%」と考えることができます．「ぎゅっ」のイメージはつかめましたか？

3）図，アナロジー，簡略化などにより真実を理解できる力

3-2）コンピュータの中でデータを圧縮する方法　その2

　画像や動画を送信するときなどに「圧縮」という言葉をよく聞きますが，そもそもデータを圧縮するとはどういうことでしょう？なんとなく「ぎゅっ」とつぶして，小さくしたようなイメージですが，本当のところは？？？？？

　データの圧縮についてもう少し考えてみましょう．現実世界でも，「ぎゅっ」とつぶして小さくしたのちに元に戻せるものと，戻せないものはありますよね？例えば，スポンジなどは「ぎゅっ」としても，元の形に戻ります．つぶしても，スポンジが欠けたり，素材がくっついてしまったりすることはありませんよね？では，おにぎりはどうでしょうか？おいしそうなおにぎりをカバンに入れたままにしていたら，「ぎゅっ」とつぶれてしまったことはあるでしょう…．そのおにぎりは元通りになりましたか？

元に戻るスポンジ　　　　　　　　　　元に戻らないおにぎり

図 3-2-1　圧縮のイメージ

　おにぎりの場合，ご飯がくっついてしまったり，具の鮭や梅干しも形を変えたりしてしまいますよね．残念ながらおいしそうに思えたおにぎりも，おにぎりには変わりませんが，もう元には戻りません….

　また，「ぎゅっ」のイメージと少し違いますが，図 3-2-2 のように散髪を例に取ってみましょう．男の子が床屋さんにいって，「すっきりとお願いします！」と頼んだところ，くりくりぼうずにされてしまいました（「ちょっと伸びたところを切って」…のつもりだったのに）．散髪前と散髪後で，同じ男の子であることには変わりませんが，「無駄」なところを刈り取られて，男の子の髪は短くなってしまいました．これではすぐに元に戻りませんね？（時間が経てば，戻るというのはこの場合は無視してください）．

散髪前　　　　　　　散髪後
図 3-2-2　圧縮の考え方

3）図，アナロジー，簡略化などにより真実を理解できる力

　データの圧縮についても同じことがおきます．圧縮の方法によっては，つぶす前と同じ状態に戻るものとならないものがあります．つぶす前と同じ状態になる圧縮方法を「可逆圧縮」，何らかの方法でデータをくっつけたりまとめたり，または，不要な部分を刈り取ってしまってデータが元に戻らない方法を「非可逆圧縮」と呼びます．これらをどのように使い分ければよいのでしょうか？
つぶす前と全く同じ状態に戻らないと駄目なデータはどのようなものでしょうか？

3-2-1)

　多少データが欠落しても良いような，完全に元の状態に戻らなくても大きな支障が生じないデータとはどのようなものでしょうか？その理由も考えられる人は考えてみましょう．

3-2-2)

　画像（静止画）では BMP，GIF，JPEG，PNG，動画では MPEG，音楽では MP3 などのファイル形式を耳にしますが，これらはどのような違いがあるのかを「圧縮」，「画質（音質）」，「可逆／不可逆」などの観点から調べてみると面白いかもしれません．非可逆圧縮のイメージを図 3-2-3 に示します．

非可逆圧縮のイメージ
　例えば，画像を例に取ると，同じような色があるとき（例では 12 色のグラデーション），近い色は同じ色としてまとめてしまう方法を取ります（例では 3 色にまとめる）．こうすると，使う色の数は減らせますが，圧縮されたものから元の色は再現できませんね．このように元に戻せない形で圧縮する方法を，非可逆圧縮と呼びます．

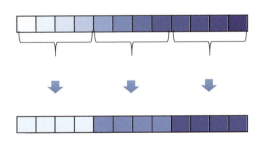

図 3-2-3　非可逆圧縮とは

3）図，アナロジー，簡略化などにより真実を理解できる力

3-3) マルチタスクやマルチコアの考え方

　突然ですが，あなたがあるレストランに入ることをイメージしてください．お腹がペコペコです．早く何かが食べたいです．お店に入ったところ，席は空いているのにもかかわらず店員さんは案内してくれません．どうやら，あなたより前にお店に入った人がいるようです．次は自分！と席に案内されるのを待っているあなた．ところが，待てど暮らせど店員さんは席に案内してくれません．怒ったあなたは店員さんを呼び，なぜ席に案内してくれないのかを聴いたところ，店員さんの答えはこうでした．

「私は1度に1人のお客様しかお相手できません．お客様を席にご案内し，ご注文を頂き，お食事を運び，お客様がすべて食べ終わり，お会計を済ますまで，次の方のお相手をすることができないのです．」

　この店員さんのルールを少し変えて，あなたのお相手もしてもらうようにするにはどうすればよいでしょうか？皆さんで考えて，文章で書いてみてください．

3-3-1)

　そんなに難しいことではないですよね？普通のレストランでも行われていることです．店員さんが先客を「席に誘導する」，「注文を取る」，「料理を運ぶ」，「お会計をする」以外の時間，すなわち，客の相手をしなくて良い時間に，あなたの相手をしてもらえばよいわけです．そうすることで，あなたより前に入ったお客さんが食べ終わるのを待たなくても，あなたは食事をすることができます．あなたの相手をしなくて良い時間で，さらに，何もしなくて良い時間があるならば，新規にもう1人のお客さんの相手もできますよね？

　実は，コンピュータも基本的にはこのような動きをしています．あなたは音楽を聴きながら，ときには友達とチャットしながら，またはゲームをしながら，さらにはWebページを検索しながら…と複数の作業をしながらコンピュータを使っていませんか？もし，あなたのコンピュータが冒頭の店員さんだったらどうでしょう？あなたは音楽を聴き終わるまで，友達とチャットはできません．友達とのチャットを終了しない限り，ゲームは始められません…．不便ではありませんか？

　コンピュータの動きをつかさどる部品はCPU（Central Processing Unit）と呼ばれるものです．いわゆる，コンピュータの「頭脳」に相当する機器です．このCPUの中には記憶をつかさどるもの，計算・処理をつかさどるものなどのさらに細かい機器が詰まっていますが，その中の「コア」と呼ばれるものが，まさに「頭脳」です．この「頭脳」をどう動かすか？が，コンピュータの動きに直結するわけです．

　初期のコンピュータは，1つのCPUに1つのコアしかありませんでした．そして，その

3）図，アナロジー，簡略化などにより真実を理解できる力

　コアは，1つの仕事を始めたらそれが終わりになるまで他の仕事はできないという動きでした．つまり，昔のコンピュータは1つのことしかできない，いまから見ると不便なものでした….
　そこで，このコアの動き方を変えてみたところ，仕事の空き時間に他の仕事をやるということができるようになりました．この結果，「見かけ上」同時に複数の仕事ができるようになりました．「見かけ上」というのは，実際にやっている仕事は1つなのですが，その作業に充てる時間を細かく区切り，ちょこちょこ他の作業を並行して進めているということです．下図のレストランの場合で説明すると，1人の店員（＝コア）が対応できる客（＝仕事）は1人だけなのですが，次々に他の客の相手をしていくことで，複数の客が並行して食事（＝作業）を進めることができます．この人間の動きを模倣したともいえますね．

図 3-3-1　マルチタスクのアナロジー

　各作業時間を細かく，我々人間が気づかないほどの時間に切り分けて作業を行うことによって，我々は音楽を聴きながら，ゲームをして，チャットをして…など複数のことを行えるようになっているわけです．これの機能を「マルチタスク」と呼びます．では，最近のコンピュータはどうでしょうか？「デュアルコア」，「クワッドコア」など聞いたことありませんか？デュアルは2，クワッドは4を意味しますね．つまり，1つのCPUの中に2つのコア，4つのコア＝頭脳があるということです．このように，複数コアがあることを「マルチコア」と呼びます．
　では，デュアルコア，クワッドコアの場合の動作イメージはどうなりますか？レストランを例にして考えてみましょう．

3-3-2)

　うまくマルチコアが動作しないときはどんな場合でしょうか？レストランを例にして，うまくマルチコアが動作しないときの原因を考えてみましょう．

3-3-3)

3) 図，アナロジー，簡略化などにより真実を理解できる力

3-4) コンピュータを動かすアルゴリズムを知る

　小学校で習ったことを思い出してみましょう．それは「最大公約数」…．例えば，100と56の最大公約数は？どうやって求めましたか？「2」で割れそうだ，「3」で割れるかな？それとも？？？と割れそうな数で割ってみるという体当たり方式の人が多いのではないでしょうか？むろん，素因数分解を試みる人もいると思いますが…．ちなみに，例題の答えは「4」です．
　では，コンピュータで「最大公約数を求める」ためにはどのように考えればよいでしょうか？

ユークリッドの互除法を利用する！
　2つの自然数 $a, b\ (a > b > 0)$ の最大公約数を計算する方法です．

【手順：ユークリッドの互除法】
　① a を b で割り，その余りを r とする．
　② b を r で割り，その余りを r' とする．
　③ r を r' で割り，その余りを r'' とする．
　．．．．．．．．．．．．．．．．．．．．．．．．．

　これを繰り返し，余りがゼロになった時点の除数（割る数）が最大公約数となるという考えかたです．ちなみに，「互除」は「互いに割る（÷）」という意味ですね．では，先ほどの例で試してみましょう．

　　①100÷56 ＝ 1 … 44
　　②56÷44 ＝ 1 … 12
　　③44÷12 ＝ 3 … 8
　　④12÷8 ＝ 1 … 4
　　⑤8÷4 ＝ 2 … 0

　5回目の割り算の結果，余りが0となったので，そのときの除数である「4」が最大公約数となります．なぜこれで合っているのか？その点はユークリッドさんの考えた原理を自分で調べてみましょう．この計算方法で正しいことが，いろいろなWebサイトでも説明されていますよ．
　さて，このユークリッドの互除法は，コンピュータに当てはめるアルゴリズムとしてはとても優れています．どのような点が優れていると思いますか？いくつかありますよ．例えば，「318,691,696」と「4,729,749」の最大公約数を求めなさい…．あなたならどうしますか？？？

　人間の体当たり方式をコンピュータに当てはめようとした場合，何が問題でしょうか？
　アルゴリズムにはどのような特徴があるべきでしょうか？人間の方法と比較して考えてみましょう．

3) 図，アナロジー，簡略化などにより真実を理解できる力

　　人間の方法とコンピュータの方法の違いは，・・・

3-4-1)

ユークリッドの互「減」法？！

　ユークリッドの互除法はとてもシンプルで素晴らしいアルゴリズムですが，割り算はちょっと…という人もいるでしょう．あまり大きな数には適していませんが，割り算ではなくて「引き算」でも同じ結果を得ることができます．

【手順：ユークリッドの互"減法"】（$a > b$）
① a から b を引き，その答えをrとする．
② $r > b$ ならば，$a = r$ として，①～④を繰り返す．
③ $r < a$ ならば，$a = b, b = r$ として①～④を繰り返す．
④ $r = 0$ ならば，その際の a, b が最大公約数となる．

例題：「42」と「12」の最大公約数を求める

　42 – 12 ＝ 30　　（a＝42, b＝12, r＝30）
　30 – 12 ＝ 18　　（a＝30, b＝12, r＝18）
　18 – 12 ＝ 6　　（a＝30, b＝12, r＝6）
　12 – 6 ＝ 6　　（a＝12, b＝6, r＝6）
　6 – 6 ＝ 0　　（a＝6, b＝6, r＝0）

図 3-4-1　ユークリッドの互減法

3）図，アナロジー，簡略化などにより真実を理解できる力

3-5) 大きさの順番に並べる考え方

　スマートフォンアプリのランキングやゲームのスコアのランキングなど世の中ランキングだらけ．ランキングとは，データを大きい（高い）順または小さい（低い）順に並び替えた結果です．では，コンピュータはどのようにデータを並び替えているのでしょうか？もっとも簡単な「バブルソート」で考えてみましょう．
　その前に…．データを並び替えるときには「昇順（小さい順）」か「降順（大きい順）」のどちらで並び替えるのかを決めなくてはなりません．昇順と降順とが混乱する人がいますが，階段をイメージすれば簡単．**昇順**は「昇る」順，階段を昇っていくときをイメージしましょう．図 3-5-1 のように階段は 1F, 2F, 3F, 4F...と昇っていくので，**小さい順**ということになります．逆に，**降順**は「降りる」順と考えると，図 3-5-2 のように 5F, 4F, 3F, 2F, 1F と降りてくるので，**大きい順**ということになります．

図 3-5-1　小さい順・昇順

図 3-5-2　大きい順・降順

　バブルソート（bubble sort）とは，隣り合う 2 つのデータを比較して，「必要に応じて」入れ替えをし，整列をさせていく方法です．データが並び変わっていく様子が，水底から泡が浮かび上がってくるようなイメージに繋がることから，バブルソートを呼ばれています．「必要に応じて」というところが大事なところで，データを並べ替えるのだから，昇順：小さい（低い）順に並べるのか？降順：大きい（高い）順に並べるのか？がカギとなります．昇順／降順のどちらで並べ替えるのか？とは，隣り合う 2 つのデータを比較した際に，その条件に合わせて並べ替える（入れ替える）という意味です．当然，並べ替える必要がないときは，その作業は行いません．

3）図，アナロジー，簡略化などにより真実を理解できる力

昇順の並び替えの例を以下に示します．

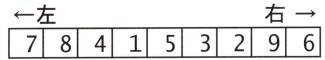

図 3-5-3　並び替えるデータ

1. データの右側から隣り合う 2 つのデータ（9 と 6）を取り出します．
2. 取り出した 2 つのデータの大小を比較します．この例では，並び替えの条件は「昇順」なので，データの左の方に小さい値がこなければなりません．
   (ア) 左のデータ ＞ 右のデータ　→　データを入れ替えます
   　　　　この事例では，「9＞6」となるので，9 と 6 を入れ替えます
   (イ) 左のデータ ≦ 右のデータ　→　データは入れ替えません
3. 取り出すデータを左に「1 つ」ずらして，1. と 2. を繰り返します

　上記の手順を繰り返して右から左までデータを比較していった場合，1 番左に来る数字は何でしょう？わからなかったら，実際にデータが並び変わる過程を書いてみましょう．

3-5-1)

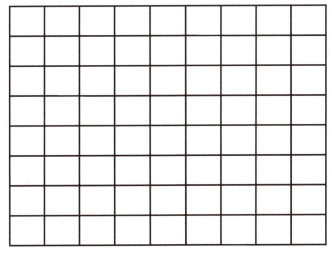

図 3-5-4 はバブルソートの全過程を示したものです．並び替えの過程をよく見て，上記の手順に含まれていない並び替えのルールを見つけましょう．

3-5-2)

3）図，アナロジー，簡略化などにより真実を理解できる力

←左							右→	
7	8	4	1	5	3	2	9	6

7	8	4	1	5	3	2	6	9
7	8	4	1	5	3	2	6	6
7	8	4	1	5	2	3	6	9
7	8	4	1	2	5	3	6	9
7	8	4	1	2	5	3	6	9
7	8	1	4	2	5	3	6	9
7	1	8	4	2	5	3	6	9
1	7	8	4	2	5	3	6	9
1	7	8	4	2	5	3	6	9
1	7	8	4	2	5	3	6	9
1	7	8	4	2	3	5	6	9
1	7	8	4	2	3	5	6	9
1	7	8	2	4	3	5	6	9
1	7	2	8	4	3	5	6	9
1	2	7	8	4	3	5	6	9
1	2	7	8	4	3	5	6	9
1	2	7	8	4	3	5	6	9
1	2	7	8	4	3	5	6	9
1	2	7	8	3	4	5	6	9
1	2	7	3	8	4	5	6	9
1	2	3	7	8	4	5	6	9
1	2	3	7	8	4	5	6	9
1	2	3	7	8	4	5	6	9
1	2	3	7	8	4	5	6	9
1	2	3	7	4	8	5	6	9
1	2	3	4	7	8	5	6	9
1	2	3	4	7	8	5	6	9
1	2	3	4	7	8	5	6	9
1	2	3	4	7	5	8	6	9
1	2	3	4	5	7	8	6	9
1	2	3	4	5	7	8	6	9
1	2	3	4	5	7	6	8	9
1	2	3	4	5	6	7	8	9
1	2	3	4	5	6	7	8	9
1	2	3	4	5	6	7	8	9
1	2	3	4	5	6	7	8	9

図 3-5-4　バブルソートの全過程

　例題程度の数の並び替えになぜこんなに手間がかかるのでしょうか？人間だったらすぐに並び替えができそうなものですが，コンピュータはなぜできないのでしょう？コンピュータの情報処理の特徴が何かを考えてみましょう．

3）図，アナロジー，簡略化などにより真実を理解できる力

```
3-5-3)



```

　コンピュータを使ったデータの並べ替えの方法は他にもたくさんあります．バブルソートよりももっと効率よく，高速な並べ替えができる方法として，クイックソートがあります．どのように，どのくらい「クイック」なのかを調べてみましょう．

3）図，アナロジー，簡略化などにより真実を理解できる力

3-6）コンピュータが得意な計算方法を知る

　皆さんは電卓を使いますか？電卓を使うときに，計算式に「（　）（かっこ）」があったらどうしますか？電卓をうまく使いこなしていれば，（　）計算であってもそんなに困ることもないのですが，なかなかそうもいかないですよね？（　）をうまく扱い，スムースに計算する方法はないのでしょうか…？？？
　実は，コンピュータ上で計算するときも同じ悩みが出てきます．（　）がたくさん出てくると，カッコの中の計算結果をその都度記憶しておかなければならない…．計算する順番も考えなくてはならない…．カッコの位置は計算式によって異なるので，どのようなルール作りをすればよいのでしょうか？？？
　このようなお悩みを解決した方法が「逆ポーランド記法」です．我々が普段使っている計算方法は演算子が数字の間に書かれる「中置記法」と呼ばれるものですが，逆ポーランド記法は「後置記法」と呼ばれ，数字の後に演算子が表記されるものです．

　　中置記法：2×（160＋50）
　　後置記法：2　160　50　＋　×

　我々が普段使っている中置記法では，優先順位の低い演算子（＋や－）を計算させるためには（　）を使う必要があります．しかし，後置記法はどうでしょうか？演算子の位置で演算の順序を表せるので，（　）は不要になります．つまり，数字や演算子が出てくる順番に計算をしていけばよいのです！
　では，その計算のルールとはどのようなものでしょうか？

【手順：逆ポーランド記法による計算】
　逆ポーランド記法で記述された式を左から読んでいきましょう．その際に，計算結果などを記憶しておくための袋（メモリ）を用意します．なお，この袋は上から1つずつしかモノは入れられず，下のモノを取るときは，上のモノを完全に取り出さないと取り出せないものです．
(ア) 数値の場合
　・そのまま袋に入れる（push）
(イ) 演算子の場合
　①　袋の上から2つの数値を取りだす（pop）
　②　2つの数値を演算する
　③　演算結果を袋の頂上に積む（push）

　手順はこれだけ！先ほどの例題　「2　160　50　＋　×」で考えてみましょう！
図3-6-1を見ながら考えてみてください．

3）図，アナロジー，簡略化などにより真実を理解できる力

逆ポーランド記法で書かれた式
2　160　50　+　×

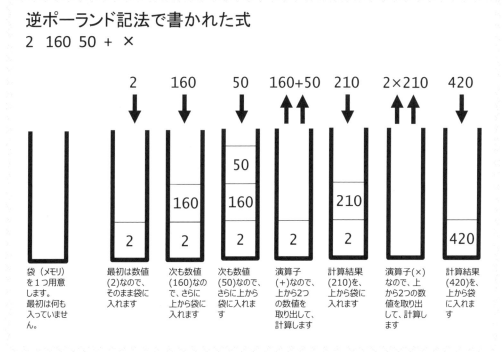

図 3-6-1　逆ポーランド記法とは

イメージは付きましたか？（　）もないのに計算できるの？と思ったかもしれませんが，（　）がないから，計算の順番を変えなくても，そのために途中計算の結果を別に覚えておかなくても大丈夫なのです．数値が来たら上から入れて，演算子が来たら上から2つ（ここがポイント！）取り出して，計算をして，また入れ直す．それを繰り返すだけでいいのです．

袋（メモリ）をうまく使って，とても効率よく計算できると思いませんか？！

逆ポーランド記法で書かれた「13 11 － 9 6 ＋ ×」の計算結果はどうなるでしょう？袋に出し入れする手順を書きながら，計算をしてみましょう！

3-6-1）

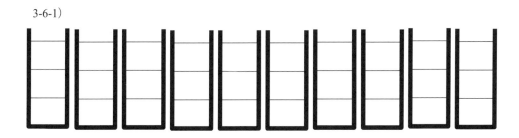

上のマスに図 3-6-1 を真似して数字を書いてみましょう．

3）図，アナロジー，簡略化などにより真実を理解できる力

この逆ポーランド記法で書かれた式を，中置記法に直したらどのような式になるでしょうか？

3-6-2）

なぜ，コンピュータにとっては逆ポーランド記法で記述された式の方が計算しやすいのでしょうか？また，コンピュータにとってのメリットは何だと思いますか？ちょっと難しいですが，考えてみましょう．

3-6-3）

3) 図，アナロジー，簡略化などにより真実を理解できる力

3-7) 自分の位置を知る方法

　地図上に自分の位置が表示されるスマートフォンやカーナビなどを使ったことがある人は多いと思います．そしてその位置情報は GPS を利用していることもご存知の通りです．では，その GPS の仕組みはいったいどうなっているのでしょうか．

図 3-7-1　GPS の仕組み

　GPS 衛星には精度の高い原子時計が搭載されています．GPS 衛星からは常に電波が送信されていて，その中には時刻の情報，軌道の情報などが含まれています．受信機側（地球上の自分の場所）でその情報を絶えず受取り，その情報から GPS 衛星までの距離を導き出しています．そして複数の衛星からの距離がわかることで，自分が地球上のどこにいるかわかるわけです．

　それでは，まずどうして GPS 衛星の時刻情報と受信機側の時刻情報から，その衛星までの距離がわかるのか考えてみましょう．それは，以下の関係式から導き出せます．

$$距離 \ = \ 速さ \ \times \ 時間$$

　ここでいう'時間'は，衛星から受信機まで電波が届く間の時間のことを指します．'時間'は，受信機側で受け取った時刻から，衛星が発信した時刻を引き算することで容易に求まります．では，'速さ'とはどのくらいでしょう．もちろん電波の速さのことですが，実は電波の速さはいつも一定であり，衛星によって変わることはありません．その大きさは光の速度と同じです．

$$c \ = \ 30 \text{ 万 km/s} \quad (1\text{秒間に } 30\text{ 万 km 進む．地球の赤道を 7 周と半})$$

　これら'速さ'と'時間'をかけることで，GPS 衛星と受信機との距離がわかります．受信機で受ける時刻は，衛星の発信時刻よりほんのわずかだけ遅れていて，極めて短い時間差しかありません．1 秒間より短いミリ秒の範囲になります．しかし電波の速さはものすごく

35

3）図，アナロジー，簡略化などにより真実を理解できる力

早いので，大気圏外にある衛星から自分のいる地上まで，結構な距離を進むことになります．
　では，仮に衛星からの時間情報が午後7時7分25秒100ミリ秒で，受信機側が午後7時7分25秒166ミリ秒だったとします．衛星から受信機までの距離を計算してみましょう．

3-7-1)

　次に，衛星からの距離がわかることで，どうして自分が地球上のどの場所にいるのかわかるのか考えて見ましょう．衛星からの電波は球上に広がっていきます．したがって，距離がわかったということは，その距離を半径とする球面上のどこかに自分がいるということになります．

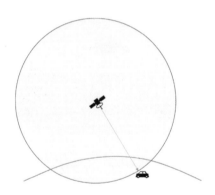

図 3-7-2　球面上のどこかにいる

　もちろん1つの衛星からの情報だけでは，自分が地球上のどこにいるかわかりません．では，いくつの衛星からの情報があれば自分の位置がわかるのか考えてみましょう．

3-7-2)

4)「データに基づき客観的に分析・判断できる力」を養う練習問題

　世の中では，声の大きい人が物事を決めてしまったり，偉い人がなんとなく印象で決断したりすることがあります．たまたま，その判断でうまくいくこともあるかもしれませんが，うまくいかなかった場合，「どうして，そう判断したのか？」と問われたときに，「○○さんがいったので」という理由は，ちょっと問題ですね．また，同じ判断の過ちをしないようにするには，どのような判断をするべきだったのかをだれもがわかるようにしておかなければなりません．

　「AかBか判断」するためには，だれが聞いても納得できる客観的な状況把握，状況分析がなければなりません．その客観的な結果を受けて，判断が行われるわけです．よって，現状を正確に把握する状況分析やその結果から物事を判断するロジックは，非常に重要で，だれもが理解できる透明性が必要です．

　ただ，そうはいってもどのような観点で現状分析をするのかや得られた分析結果を総合的にどのように判断すればよいのかなどの点に多様な考え方があり，客観的事実に基づいて判断したとしても，必ずしもだれもが同じ結論にならないのが世の常であります．そうした現状を理解しつつも，少なくとも，自分なりの考え方で，状況分析や判断できなければ一人前の社会人とはいえないでしょう．この章では，客観的に状況を判断するために数値データやグラフから正確に真実を読み取る方法や読み取った値をどのように評価するかという基準を自分で作る方法などに挑戦してみましょう．

4) データに基づき客観的に分析・判断できる力

4-1) スマートフォンの仕様からターゲットユーザーを推定してみよう

　スマートフォンの会社が新しいスマートフォンを設計・開発しようとするときには，通常，利用してもらいたいユーザーを想定します．「高齢者向けスマートフォン」であったり，「スポーツが好きなユーザーが好んで使ってもらえるようなスマートフォン」といったものです．こうしたスマートフォンが狙いとするユーザーをターゲットユーザーと呼びます．ターゲットユーザーが望む機能を具体的にスマートフォンの性能目標に置き換えて，設計していくわけです．例えば，「高齢者向けスマートフォン」を考えるとき，ターゲットユーザーの「字を見やすく，大きくしてほしい．」という要望に対して，具体的に「液晶画面の大きさ」，「バックライトの明るさ」，「表示される字のサイズやフォント」といった機械にとっての言葉に置き換えなければいけないのです．この機械にとっての言葉の1つが「仕様」，「スペック」などと呼ばれる性能・特徴です．4-1)では，スマートフォンの仕様から逆にターゲットユーザーがだれであるのかを考えてもらいます．

表 4-1-1　このスマートフォンの仕様

周波数	0.8 GHz
Gセンサ感度	0.9 μV/G
電池容量	5 Ah
バックライトの明るさ	300 ルックス
連続使用時間	26 時間

4）データに基づき客観的に分析・判断できる力

　表 4-1-1 で示されたスマートフォンの仕様から，ターゲットユーザーがだれかを考えてみましょう．ターゲットユーザーはどんな仕事をしている人でしょうか？いろいろ想像してみてください．
　図 4-1-1 の「ユーザーにとっての魅力」の欄に，仕様の特徴からユーザーにどのようなメリットがあるのかを考えて，記入して見ましょう．例えば，周波数が 0.8 GHz であることがこのスマートフォンの特徴である考えます．今までの通信周波数の中心は 1.5 GHz であったとすれば，0.8 GHz にしたことによってユーザーに何らかのメリットがあるはずです．それは何でしょうか？ただ，電気のことをよく知らないとわからないこともあるので，下の表 4-1-2 のヒントを見ながら推測してみてください．
4-1-1）

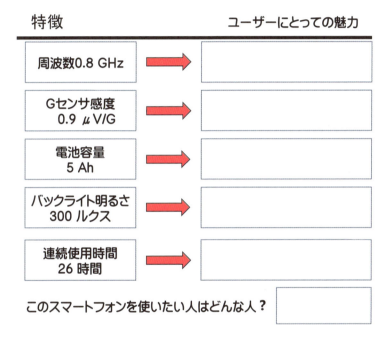

図 4-1-1　特徴とユーザーにとっての魅力の関係

表 4-1-2　ヒントとなる技術情報
■従来の通信周波数は，1.5 GHz であった．
■電波は，周波数が高くなるほど光の特性に近くなり，直進性が強い．
■スマートフォンには，揺れ，振動を計測する G センサが搭載されている．
■G センサは，上下左右前後の動きを電気信号として計測できる．
■通常搭載の G センサの感度は，0.1 μV／g である．
■感度が高くなると上記の数字が大きくなる．
■通常のスマートフォンでは，歩数のカウントを少なく計測する問題があった．
■通常のスマートフォンの電池容量は，1 Ah である．
■通常のスマートフォンのバックライトの明るさは，100 ルックスである．
■通常のスマートフォンの連続使用時間は，20 時間である（待機時，GPS 使用）

4）データに基づき客観的に分析・判断できる力

4-2) グラフから販売作戦を考えてみましょう

　あるハンバーガーショップで，「ホイホイチキンバーガー」を 2001 年に販売開始しました．当初，販売個数が目標値に対して低かったので，原材料費を節約しながら，価格改定（値下げ）を行いました．価格を下げると販売数は増加しました．価格を下げて販売するこの戦略は，このハンバーガーショップにとって成功事例といってよいのでしょうか？データを解析し，「成功」なのか「失敗」なのかの判断とその判断理由を書いてください．

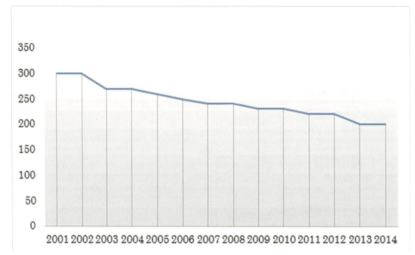

図 4-2-1　毎年の販売価格に関するグラフ（縦軸：販売価格（円），横軸：販売年）

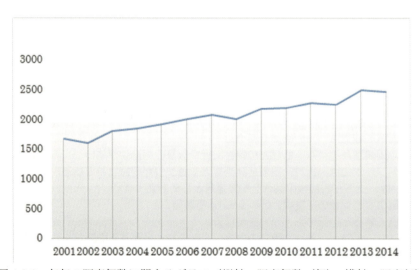

図 4-2-2　毎年の販売個数に関するグラフ（縦軸：販売個数（個），横軸：販売年）

4）データに基づき客観的に分析・判断できる力

　あなたの分析結果を書いてみてください．成功でしょうか？失敗でしょうか？　考えるときのヒントを示しましょう．毎年の細かい変化にとらわれないこと．例えば，「売上個数が 2008 年に減少したが，2009 年に増加した．」などのように小さな変化よりも大きな変化を確認しましょう．さあ，考えて書いてみましょう．

4-2-1)

　他人にうまく説明できる文章ができましたか？　また，グラフをそのまま解釈するのではなく，グラフから読み取った結果をもう 1 回計算して，その結果を分析すると面白いことがわかることがあります．グラフは，1 個当たりの販売価格と年間の売上個数ですね．単価×個数＝総売上額です．2 つのグラフから年ごとの総売上額を計算して見てください．その計算をすると何かはっきりわかりませんか？

4-2-2)

　そうです，価格を安くしても高くしても総売上額はあまり変わらないのです．つまり，総売上額が変わらないなら，安い商品をたくさん売って人手が大変になるより，高い商品を少なく売った方が商売としては楽かもしれませんね．どっちにしても，総売上額が大きく変わらないなら，あまり成功したとはいえないのではないでしょうか？　皆さんは，どう考えますか？

4）データに基づき客観的に分析・判断できる力

4-3) 自分で評価の尺度を作りましょう　その1

　グラフを読み取って真実を見つける練習をもう1つやってみましょう．自動車販売店の営業マンの偉業をたたえるために「セールスマン　オブ　ザ　イヤー」を選ぶことになりました．いま，2人のセールスマンがノミネートされました．あなたは，どちらのセールスマンに「セールスマン　オブ　ザ　イヤー」を与えるべきかを考えてみてください．審査の材料としては，セールスマンの売上データなどたくさんの資料があります．それを利用して，受賞者を決めてください．

図4-3-1　ノミネートされた2人のセールスマン

	いろは市	あいうえ市
人口	22万人	369万人
面積	94 km²	437 km²
平均年齢	42才	43才
雇用者数	9万人	142万人
持ち家数	5万件	85万件
幼稚園在園者数	3千人	8.9万人
小学校児童数	1.3万人	19.5万人

図4-3-2　営業する地域の特徴

4) データに基づき客観的に分析・判断できる力

　四菱自動車販売あいうえ営業所は，人口が密集した都会の真ん中にあります．一方，六三自動車販売いろは営業所は，あいうえ市の中心から電車で 1 時間半ぐらい離れたベットタウンにあります．

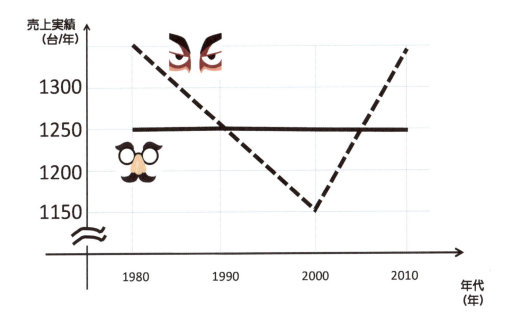

図 4-3-3　2 人の年別売上高推移

　図 4-3-3 を見ると，2 人とも毎年の売上高の平均は同じでも売上パターンが違いますね．この違いをどのように評価してあげたらよいのか，表彰理由を文章にして，表彰者を決定してください．

　周りの人がいれば，みんなと話し合い，違う意見の人と議論して見ましょう．いろいろな考え方があっていいと思いますが，1 番，妥当な考え方をどのように決めるかが重要なことでもあります．

4）データに基づき客観的に分析・判断できる力

4-4) 自分で評価の尺度を作りましょう　その2

　もう少し，別の角度から類似した問題を考えてみましょう．この問題も自分でグラフやデータの意味を見つけ出し，判断をしなければなりません．前の節で学んだことをさらに発展させてあなたの理由を考えてください．図4-4-1に示すように，同じ営業所に努める2人のセールスマンのどちらかに営業所の所長は，特別ボーナスを支給したいと考えています．本当ならばどちらにもあげたいと思うのですが，どちらか1人にしなければなりません．ただ，どのように2人の活躍を評価すればよいかわかりません．ぜひ，考えてあげてください．

図4-4-1　2人の優秀なセールスマンのどちらかにボーナスを支給

　2人のセールスマンの月別販売台数と販売店来客数の月別累計グラフがあります．この2つのグラフから2人のどちらのセールスマンにボーナスをあげるべきか，周りの皆さんが納得できる説明を考えてください．

4）データに基づき客観的に分析・判断できる力

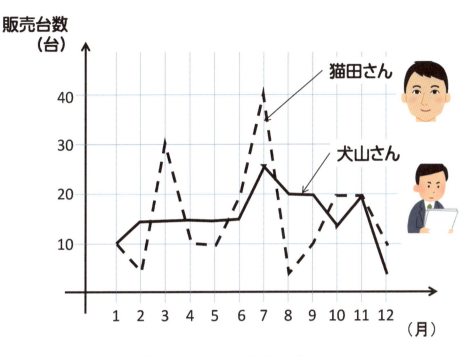

図4-4-2　2人の月別販売台数変化

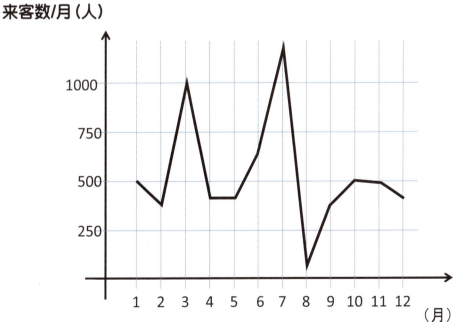

図4-4-3　2人が勤める営業所に訪れたお客さんの月別来客数

4）データに基づき客観的に分析・判断できる力

　2人のどちらにボーナスをあげるべきか，その理由を文章で書いてください．それで，周りの人たちは納得するでしょうか？　反対意見を持っている人がいたら，お互いにどちらにあげるべきか，議論してみましょう．結果は，出ましたか？

4-4-1)

　ポイントは，図4-4-3　2人が勤める営業所に訪れたお客さんの月別変化と図4-4-2　2人の月ごとの販売台数変化の関係をどのように評価するかがポイントではないでしょうか．たくさんお客様が営業所に来たときに販売する車とあまりお客様が来なかったときに販売する車の1台の重みに気が付けば，どちらの人ががんばっているかわかるはずです．明確にがんばっていることを示すために，例えば，ある月に売った車の台数をその月の来客数で割ってみたグラフを書くと，はっきりするかもしれません．

　グラフを書いてみましょう．

4-4-2)

4) データに基づき客観的に分析・判断できる力

4-5) 車間距離を写真から推定する

　名探偵は，現場に残された1枚の写真から犯人を突き止める推理力があるといいます．皆さんも次の写真に挑戦してみてください．図 4-5-1 に高速道路上の車の写真があります．この1枚の写真からA車とB車の車間距離を求めてください．車間距離というのは，A車の前面からB車の後面までの距離です．

　車間距離は，最近自動車に装備されている自動ブレーキにとっての重要な情報の1つです．カメラを使って危険な状況を認識してブレーキをかけるためには，カメラで撮影した1枚の写真から車間距離を推定するという技術が重要になります．ただし，現在，車に搭載されている自動ブレーキは，カメラを人間の目のように2つ使って距離もわかるようにしたステレオカメラやコウモリやイルカのように自分から音波，光や電波を出し，対象物から反射して戻ってくる信号から距離を知る方法が一般的です．ここでは，たった1枚の写真から車間距離を推定するというシンプルな問題に挑戦してもらいます．

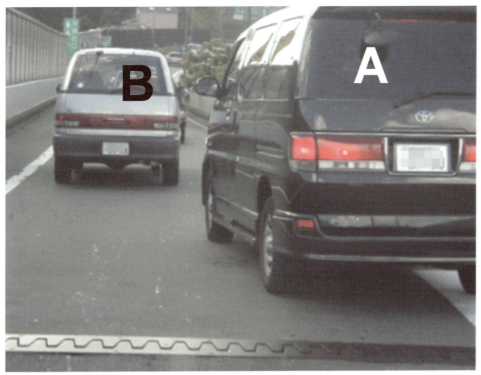

図 4-5-1　車間距離を推定する

　ただ，この写真だけでは，A車とB車の車間距離はわかりません．続けて，3つのデータ，グラフなどを見て，自分で車間距離を推定して見てください．

4）データに基づき客観的に分析・判断できる力

資料1

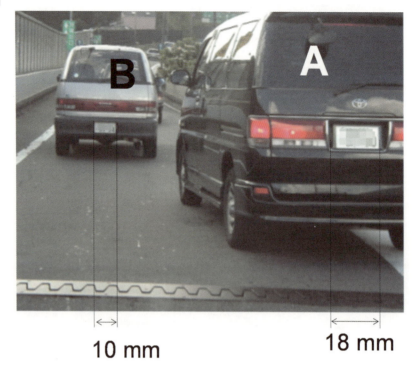

図4-5-2　写真上でのナンバープレートの横の長さ

資料2

■寸法

全長 mm
4,795
全幅 mm
1,820
全高 mm
1,745*15
ホイールベース mm
2,950
トレッド 前 mm
1,545
後 mm
1,550
最低地上高 mm
160*19
室内 長 mm
3,010
幅 mm
1,580
高 mm
1,255*21

図4-5-3　A車のサイズなど（諸元）

4）データに基づき客観的に分析・判断できる力

資料3

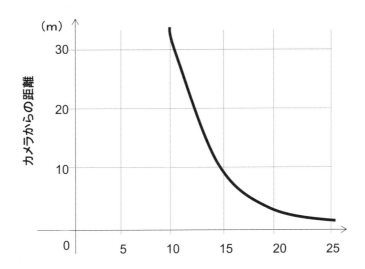

**カメラで撮影した写真内の
普通車用ナンバープレートの横の長さ**

図4-5-4　この写真機でナンバープレートを撮影したときのカメラからの距離と写真上のナンバープレートの横の長さとの関係

車間距離の推定方法を下に書いてみましょう．そして，実際に距離を推定してください．

　なぜ，ナンバープレートを用いたのでしょうか？車のタイヤやストップランプの長さでもいいではないですか？なぜ，ナンバープレートなのでしょうか？

　そうですね．日本中を走る車の中で大きさがわかっていて，どの車でもおおよそ同じ大きさのものは，ナンバープレートではないでしょうか．軽自動車やトラックのナンバープレートの大きさは異なりますが，普通乗用車ならほぼ同じ大きさと考えて良いのです．

4）データに基づき客観的に分析・判断できる力

4-6) 制御ルールをグラフから読み取る　その1

　5階建てのビルにエレベータが1基備え付けられています．このエレベータは，コンピュータで制御されておらず，呼ばれた階に移動し，他の階から呼ばれなければその階に停止しています．このエレベータのある日の運転状況を示したものが図4-6-1です．

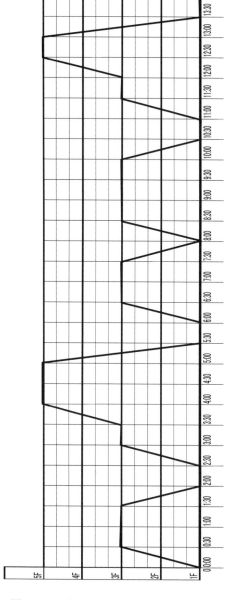

図4-6-1　ある日のエレベータ運転状況

4）データに基づき客観的に分析・判断できる力

　横軸は時間を表し，1メモリ30秒です．縦軸は，エレベータのいる場所（階数）を表します．例えば，時間が0分00秒のときにエレベータが1階をスタートし，30秒で3階に到着しました．その後，エレベータは3階で人を下ろし，1分30秒まで3階に停止しています．次に，3階から1階への人がエレベータに乗ったのか，もしくは，1階からエレベータが呼ばれたのかによって，エレベータは1階に移動し，2分00秒に1階に到着しました．・・・このようにグラフを読みます．このデータから，利用の状況を読み取り，使用者のエレベータ到着待ち時間が少なくなるように，コンピュータでエレベータを制御するための制御ルールを設計してみましょう．以下，問題に答えながら考えてゆきましょう．

問題1
　エレベータの上昇速度は時速いくらですか？（上昇速度は，1階から3階までの移動速さから算出します．）ただし，1階分のスパン高さを6.0 mとします．

4-6-1)

問題2
　エレベータの利用状況を見ながら，次の問題に答え，最終的にコンピュータでエレベータ制御するためのルールを発見しましょう．

問題2-1　どの階からどこの階に移動する人が1番多いでしょうか？

4-6-2)

問題2-2　1階でエレベータのスイッチを押して，5階にいくまで，1階で最大何分，エレベータが来るのを待たなければならなかったでしょうか？いろいろなケースを想定し，最大となるケースを推理して見てください．

4-6-3)

問題2-3　1階に来た人のエレベータ待ち時間を少なくするためのルールを考えてください．
4-6-4)

IF　（ _____ ） then　（ _____ ）

4）データに基づき客観的に分析・判断できる力

4-7） 制御ルールをグラフから読み取る その2

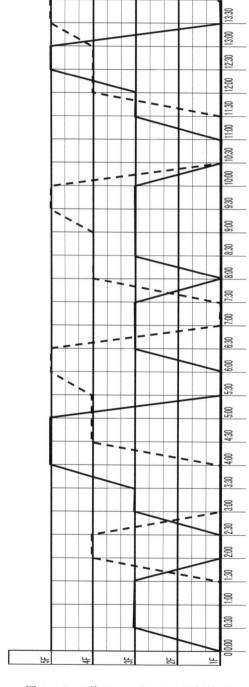

図 4-7-1　2基のエレベータの運行状況

4) データに基づき客観的に分析・判断できる力

5階建てのビルにエレベータが2基備え付けられています．このエレベータは，コンピュータで制御されておらず，呼ばれた階に移動し，他の階から呼ばれなければその階に停止しています．このエレベータの運行状況を記したものが図4-7-1です．横軸は時間で，縦軸はエレベータがいる階数を示しています．実線が1号機，破線が2号機を表しています．このデータから，利用の状況を読み取り，使用者のエレベータ到着待ち時間が少なくなるようなエレベータ制御ルールを設定したいと考えています．以下の問いに答えましょう．

問題 1
1階の1号機，2号機のエレベータの前にエレベータの利用方法について何か，注意が書いてあります．なんと書いてあるのでしょうか？

4-7-1)

問題 2
1号機，2号機に対して，利用者の待ち時間を減らすためのエレベータのコンピュータ制御ルールを考えてみましょう．

4-7-2)

ルール1)
IF （ _____) then (_____)

ルール2)
IF （ _____) then (_____)

ルール3)
IF （ _____) then (_____)

問題 3
1人の警官は，泥棒を追って5階建てのビルの1階に入りました．泥棒は，2基あるエレベータの一方に飛び乗り，警官が乗ろうとしたときには，扉が閉まり，上の階に移動してしまいました．警官は，隣のエレベータに乗ろうとしましたが，隣のエレベータは，5階に停止してました．警官は，泥棒がどの階で降りたかを確認するため，しばらく泥棒が乗ったエレベータのいき先を確認していました．すると，泥棒の乗ったエレベータは，3階で止まりました．そのとき，もう1基のエレベータは，5階を離れて下の階に降りてきたようだったのですが，待っていられないので，階段を使って3階に駆け登っていきました．しかし，途中で階段を踏み外してしまい，3階に向かうのに95秒もかかってしまいました．警官が3階に付いたとき，エレベータを見ると1台は，4階に降り，もう1台は，1階にいました．そして，泥棒も3階からいなくなっていました．「しまった，泥棒に逃げられた．」ふと，警官が，自分の腕時計を見たら分針が___分を指していました．

4）データに基づき客観的に分析・判断できる力

問題 3-1
警官の時計は，何分を指していたでしょうか？ 警官の腕時計は，エレベータの制御用の時計とまったく正確に一致していたものとします．

```
4-7-3）
```

問題 3-2
もし，このエレベータに問題2で示したルールのどれかが適用されていたら，警官は泥棒を捕まえられたかもしれません．そのルールとは，どんなルールでしょうか？

```
4-7-4）
```

5)「観察したものや考え方を的確に説明・記述できる力」を養う練習問題

　自分が見たものや自分が考えたことを言語で的確に説明するためには，説明しようとする対象の特徴を的確に把握し，自分の頭の中で理解することが重要です．何かを見たときにインスピレーションのように直観的に対象の特徴が理解できる場合がありますが，多くの場合は，対象の特徴が私たちの頭の中で言語によって表現される形で理解にかかわります．そう考えると，頭でわかっていても，わかっているような気がするだけで本当にわかっているのか，実際に言語を使って確認する必要があります．よって，言語で考えや見たものをうまく表現できる力の他，何が伝えるべきことなのかを分析して的確に相手の頭の中に自分の頭の中のイメージと同じイメージを伝える必要があります．この力は，説明対象物の何がポイントなのかを判断し，その対象を特徴づけることを述べ，その対象を特徴づけるものでなければ指摘しないという高度な選択も必要です．聞き手が，よけいな情報に惑わされないように考慮する必要もあるからです．また，先述したように，社会に出てチームで仕事を行ったり，自分の検討結果を上司に説明するときなど的確にポイントだけを伝える必要があります．うまく説明できる人は，説明対象の本質を良く理解した人といえるかもしれません．それでは，言語で対象を的確に表現する練習をしてみましょう．

5）観察したものや考え方を的確に説明・記述できる力

5-1）　言葉だけで見ているものを伝える

　お土産を買おうとして店によったら，友達が好きそうな品物がありました．どうせなら，友達が気にいってくれるかを確認して，買おうと思いました．いまなら，お土産の写真を撮って，友達にメールで送りますよね．テレビ電話をしてもよいかもしれません．ただ，写真やムービーが使えず，例えば，電話だけであなたが見ているものを別の人に伝えるとしたら，どうしますか？何を伝えたらよいのでしょうか？写真なら「今，写真送ったから見てね．」で済むのが，電話越しにあなたの見ているものを言葉で説明しなければなりません．大変な作業ですが，実は，ものを見る，伝えるための大変よい勉強になります．あなたが見ているものを電話で別の人に説明するとき，どのような順番で説明すれば電話越しの人はよくわかってくれるでしょうか？まず，一言目に何をいえばよいでしょうか？　きっと写真のように完全にあなたの見ているものを相手に伝えられないと思います．それならば，あなたが見ているものの何を伝えればよいのでしょうか？これを考えるとき，あなたが見ているものの本質や何が重要かということを考えることが必要になってきます．では，図 5-1-1 を見て，それが何かを文章で伝えてみましょう．箇条書きで説明をしてもかまいません．

図 5-1-1　1 枚目の写真

5-1-1)

5）観察したものや考え方を的確に説明・記述できる力

　大事なことは，相手に自分が見ているものをうまくイメージしてもらうことです．そのためには，細かいことを先に説明するのではなく，まず，一般的に自分が見ているものは「○○」ですと説明し，そこから少しずつ細かい部分の説明をしていくと良いですね．また，どのくらいの大きさなのか，どこで使うものなのかなど聞き手の気持ちになって説明してください．

　どうですか，自信がつきましたか？最初に大雑把な場面を伝え，徐々に細かく説明してゆけばよいのです．例えば，「瀬戸物のお皿にのった，焼き魚です．秋のさんま定食を思い出してください．」と全体的なイメージを伝えてから，具体的な数や形を示していくのがうまい伝え方です．完全に細かいところまで伝えるよりも全体としてイメージがうまく伝わることの方が大事かもしれません．すべて説明しようとせず，わかりにくいところは，むしろ説明しない方がよい場合もあります．では，ちょっと難しくなりますが，図 5-1-2 について先ほどの練習のように言葉で説明して見てください．

図 5-1-2　2 枚目の写真

5-1-2)

5）観察したものや考え方を的確に説明・記述できる力

　どうでしたか？　自分で説明を読み返してみて，改善点を考えてみてください．周りの人の答えを見て，自分の答えと比較してみましょう．何が違うのか，何が良いのかを話し合ってみましょう．この景色の中で何が重要で，何が説明する必要がないかを素早く決めることが重要かもしれません．

5) 観察したものや考え方を的確に説明・記述できる力

5-2) 折り紙の折り方を説明する

　折り紙の折り方を言葉で説明するのは容易ではありません．通常は，実際に折った折り紙をいろいろな角度から見て，触って，どこをどのように折るのかがわかってきます．ここでは，写真を順番に示しますので，折る人にその写真を見せることなく，言葉による説明だけで，相手に伝えて，折り紙を折ってもらいましょう．

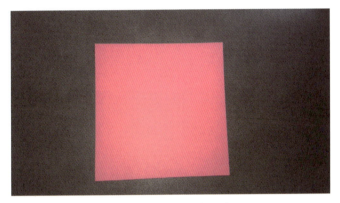

図 5-2-1　折り紙の折り方 1

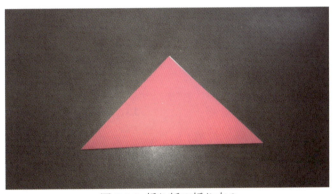

図 5-2-2　折り紙の折り方 2

「正方形を折って三角形を作ります．」といえば，このぐらいならわかると思いますが，後ほど複雑になったときにうまく説明できません．今のうちに，説明の仕方を考えておいた方が良いかもしれません．例えば，「正方形の 1 本の対角線にそって山おりにして，三角形を作ります．」など．この先，どのようにうまい折り方を伝えるか，工夫してみてください．

5）観察したものや考え方を的確に説明・記述できる力

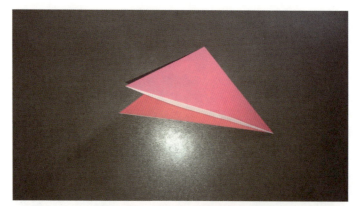

図5-2-3 折り紙の折り方3

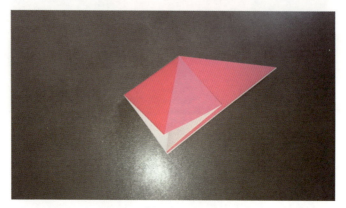

図5-2-4 折り紙の折り方4

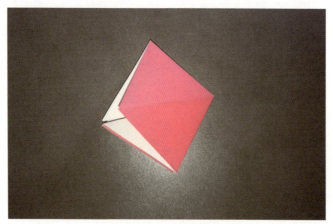

図5-2-5 折り紙の折り方5

5) 観察したものや考え方を的確に説明・記述できる力

さあ，図 5-2-5 のような最後の形まで，うまく言葉で導いてください．

5-2-1)

5）観察したものや考え方を的確に説明・記述できる力

5-3) 考えるプロセスを文章にしてみる

　自分が考えていることを文章に表現し，それを他の人に伝えるということは，容易なことではありません．暗号のクイズを出しますので，どのような暗号なのかを考えて，暗号を解読してください．ただし，ここでは，暗号を解読することよりも暗号を解読している過程を文章に書き，自分が考えた暗号解読の手続きを順番に記述してみてください．なお，暗号がわからなくても，暗号を解こうとしている手順が正確に記載されていることを心がけてください．まず，どのように記述するか例を示しましょう．

「あかいくつ」を暗号であらわすと，「01・11・02・13・33」になります．「01・02・23・65・41・11」は，なんでしょうか？

例えば，・・・
1）例題を見て，「あかいくつ」と 5 文字からできている．「あかいくつ」を暗号にすると「01・11・02・13・33」なので，2ケタの数字が 5 個になる．よって，暗号では，2ケタの数字が 1 つの言葉に対応していると考えてみる．
2）1 音を 2 ケタの数字で表すと仮定する．「あかいくつ」の最初の 2 文字「あか」の部分は，「01・11」だとすると，「あいうえお」と 50 音を順番に示していると考えた．01 は，「あ」である．02 が「い」である．「あかいくつ」の「い」と符合する．では，11 番目は，「さ」になる．しかし，2 文字目は，「か」なので，この暗号解読は違っているとわかる．
3）では，ローマ字としてみる．ローマ字は，子音と母音の組み合わせ．「あ」は，「A」．母音のみなので，子音・母音で 1 文字を対応させているとすれば，01 は，「あ」である．次に 11 は，子音が 2 番目，か行で母音が 1 番目なので，「か」である．
4）予想の通りとなったので，02・13・33 を考えると，「いくつ」となり，例題と同じになった．
5）よって，問題の「01・02・23・65・41・11」に関しても，2ケタの数字に分け，10 の位が子音の順番，1 の位が母音の順番とすれば，「01・02・23・65・41・11」＝「あいすもなか」である．つまり，暗号の答えは，「アイスモナカ」である．

と，解法のプロセスを逐次書き出すことができます．2）の部分のように，考えが間違っていても，そう考えてみたのですから，まずは，書いてみましょう．そして，違ったと明確に記述し，次の考え方を書いていけば良いわけです．

　さて，それでは，次の暗号を解いてみてください．今度は，自分で真似をして暗号を解いてみてください．そして，そのプロセスを逐次文章にしてみましょう．

5) 観察したものや考え方を的確に説明・記述できる力

「あかいくつ」を暗号であらわすと,「03・33・12・01・11」になります.
それでは,「01・85・22・05・01」は,なんでしょうか？
　いろいろ試した考えを言葉で順に書いていきましょう.

5-3-1)

5）観察したものや考え方を的確に説明・記述できる力

　答えは,「あおいそら」です．わからなくても,自分がいった思考のプロセスが逐次明記されていれば,良いのです．この問題で重要なことは,暗号が解けることではなく,いかにうまく,正確に暗号を解読しているプロセスを言語で記述するかということです．なぜ,そのように考えたのか,あるいは,なぜ違うのかなど論理的に記載する必要があります．結果的に,うまく思考の経緯を記述できると考えもまとまって,正解に近づく機会が多くなるかもしれません．

5) 観察したものや考え方を的確に説明・記述できる力

5-4) 人間とコンピュータの考え方の違い

　私たちにとっては身近で，ときには意識さえしなくなってきたコンピュータですが，改めてコンピュータと人間は何が違うのでしょうか？　機械／生物？　電気で動く／食べ物で動く？　繁殖できない／できる？　そもそも生物か否かと考えると話は複雑になってしまうので，「記憶」や「処理」の観点から比較してみたいと思います．
　それでは，「記憶」の観点から，コンピュータと人間を比較してみましょう．思いつくものをどんどんあげて，周囲の人と話し合ってみてください．

5-4-1)

　少し難しくなるかもしれませんが，「処理」という観点から，コンピュータと人間を比較してみましょう．速さ，正確さ，手順などいろいろな見方がありますので考えてみてください．

5-4-2)

　どうでしたか？なんとなくコンピュータと人間の違いが見えてきたでしょうか？コンピュータにも人間にも，それぞれ特徴があります．速さ，処理能力，記憶できるデータ量などの点は一見コンピュータが有利なように思えますが，本当にそうでしょうか？　少し考えてみましょう．
　コンピュータとは，そもそも計算機から発達したものです．「入力」されたデータを，「演算（処理）」して，「出力」する，というとてもシンプルな処理をしています．「演算（処理）」の部分は，当初はまさに「計算」させるだけでした．ところが，数字だけではなく，色，音，文字など様々なものも「0」と「1」の「データ」として表せることに気づいてから，「演算（処理）」の部分が複雑になってきました．現代のコンピュータは様々なことが行えますが，コンピュータからしてみれば，「入力」「演算（処理）」「出力」を繰り返しているにすぎないのです．
　このシンプルな仕組みをいかにうまく使いこなすか？そのために必要となってくるものがプログラムになります．コンピュータは，基本的には，指示された「1つ」のことを「順番に」処理をしていきます．また，同時に2つのデータしか処理できません．例えば，「19, 27, 6」を大きい順に並べ替えなさいといわれたとき，我々人間は一目でどれが1番大きいかがわかりますよね？驚くべきことに，コンピュータはこの「一目で」ということができないのです．コンピュータができることは2つのデータの比較だけです．

5）観察したものや考え方を的確に説明・記述できる力

1. 19と27を比較して，27の方が大きいと判断
2. 27と6を比較して，27の方が大きいと判断
3. 19と6を比較して，19の方が大きいと判断

　このようにすべてのデータを2つずつ比較しないと，大きい順に並べ替えができないのです！コンピュータっていろいろとすごいことができるのに，意外ではありませんか？
　逆に，この処理のシンプルさが，コンピュータの可能性を広げているともいえるのです．また，そのシンプルさを，1秒間に何億回という処理速度や膨大なデータの記憶量によってカバーしながら様々な処理を実現しているともいえます．基本の処理がシンプルだからこそ，それらを組み合わせて複雑な処理ができるようになる道具こそコンピュータです．
　この「何でもできる」コンピュータを，「何でもできる」ようにするものが「プログラム」です．この「プログラム」をコンピュータに渡さない限り，コンピュータは単なる回路の詰まった箱でしかありません．我々人間はどうでしょう？様々な情報を自ら獲得し，自ら考え，自ら行動することができますよね？これは，コンピュータと人間の大きな違いともいえます．
　コンピュータに仕事をさせるための「プログラム」を考えるのは我々人間です．コンピュータに仕事をさせるときに，我々人間の考え方，作業の仕方を真似させたり，ベースにして考えさせたりすることが多いです．例えば，データを「並び替える」，「計算する」などです．しかし，先ほどから触れていたようにコンピュータと人間のデータ処理の仕方には違いがあります．一見，人間と同じような処理をしているように見えても，「コンピュータに合った」処理のさせ方をしないと，コンピュータは効率的に・効果的に動きません．
　「コンピュータに合った」処理とは？？？コンピュータの歴史と共にいろいろと考えられてきています．それらは「アルゴリズム」という形で改良を重ねられています．データの検索，並べ替えなどから電車やカーナビなどの複雑な経路探索など様々ですが，これらを「もっと効率のいい方法はないか？」，「もっと高速な処理の仕方はないか？」など様々な人が考えてきたものの恩恵を我々は受けているのです．同じデータの処理でも，扱うデータ量や処理の能力などによって，その方法は異なってきます．つまり，アルゴリズムに正解はないということですね．
　例えば，カードを並べ替えで，3枚の並び替え，20枚の並び替え，100枚の並び替えをしなければならない場合を考えてみてください．実際にやってみると，手順は変わりませんか？「並べ替える」という大きな目的は同じでも，扱うデータの量が変わるだけで手順は変わってくるのです．したがって，我々がコンピュータに何かさせようと思ったときには，いろいろな条件に合った処理のさせ方を，「入力」「演算（処理）」「出力」というシンプルなコンピュータの動きを理解して考えていかなくてはならないわけですね．
　ではコンピュータと人間の違いをいろいろな視点から文章で説明してみましょう．お友達と一緒に説明しあったり，質問しあったりしてみましょう．

5-4-3)

5）観察したものや考え方を的確に説明・記述できる力

5-5）　使う人の視点と作る人の視点の違い

　「2-3）　使い方を想像してみる」を練習しましたか？もし，まだ練習をしていないようなら，2-3）を先に考えてください．また，すでに考えた人は，もう1回思い出すために2-3）を読み直してください．さて，5-5）では，2-3）で説明したアイディア商品を製作・販売することを考えましょう．あなたは，この商品の製作・販売を任された責任者です．まず，この商品を工場で作ってもらわなければならないので，工場長のところにいって「こういう商品を作ってください」と説得にいかなければいけません．そのときに工場長に説明するための資料を作らなければいけません．

　一方，この商品を一般のお客様にわかってもらい，買ってもらわなければいけません．あなたが経験したように，ちょっと見ただけでは，何に使うのかがわかりません．そこで，販売を任されているあなたは，この商品をお客さんが買いたくなるような宣伝パンフレットも作らなければいけません．

　まず，工場長に作ってもらいたい商品を説明するための資料を作ってください．大きさや詳細については，自分で勝手に決めて結構です．大事なことは，何を伝えれば，工場長が作る工程をイメージできるかをよく考えてください．忙しい工場長への資料は，下の枠に入るだけの資料しか見てもらえません．必要最小限の説明文や図を使って表現してみましょう．同様に，お客様に向けてのパンフレットも作ってください．お客様が「何だろう？」と関心を持ち，「買ってみよう！」と思うパンフレットを作ってください．

5-5-1）工場長への部品製作依頼メモ

5）観察したものや考え方を的確に説明・記述できる力

5-5-2） お客様に向けての販売用宣伝パンフレット

　あなたが初めて見たときに何に使うのがわからなかったならば，そのときの気持ちを思い出して，何をどのように伝えれば，初めてこの商品を見るお客さんも買う気になるかを考えて宣伝用パンフレットを作らなければいけないでしょう．できたら，友達と答えを紹介しあい，だれのパンフレットが1番インパクトがあるかを話し合ってみてください．工場長へのメモも同様に「作る人」が作るために必要な情報がメモの中にすべて含まれているかを考えてみてください．

6）知識を活用し，現実的な値や形を決定できる力

6）「知識を活用し，現実的な値や形を決定できる力」を養う 練習問題

　工学に携わることの魅力の1つは，いろいろ検討した結果が実際の形となり，我々の生活の中で役に立つことです．つまり，いろいろ難しい理論や手法を用いて設計したものが，実際に手で触れる形となって具現化される醍醐味があるわけです．ただ，実際に手にとれる「もの」にするためには，寸法や材料を具体的に決定し，形あるものにしなければいけないわけです．このプロセスは，意外と大変であり，ものができるための重要な過程なのです．ここでは，エンジニアリングの醍醐味の1つである実際の形にするための具体的な作業にかかわる練習をしてみましょう．そのためには，データやグラフからもっとも適した値を求めなければなりません．

6）知識を活用し，現実的な値や形を決定できる力

6-1）コンピュータ内部での文字表現

　コンピュータの中で言葉がどのように表現されているのかの現実に触れてみましょう．コンピュータは電気で動く…．これは皆さんにとって当たり前のことでしょう．では，その電気を使ってどのように文字や色や音を表しているのでしょうか？

　コンピュータの中には回路がたくさん詰まっています．その1つ1つの回路に電気が流れて動きます．つまり，回路には電気が流れる（＝オン）ときと，流れない（＝オフ）ときがあるわけです．コンピュータは電気（回路）のオン（＝流れる）／オフ（＝流れない）を「1」と「0」の2つの数字に置き換えて，様々な情報を表現しています．

　では，なぜ「1」と「0」で文字などが表せるのでしょうか？考えてみましょう．

　文字を表す場合は，基本としては8ケタの1と0の集まりを用います．1と0で表す8ケタの集まりのことを1バイト（Byte）と呼びます．00000000〜11111111 までの0と1のすべての組み合わせのパターンを考えると，256通り（＝2^8）のパターンが存在します．この1つ1つのパターンに1文字ずつを当てはめていくと，256種類の文字を表すことができるわけです．例えば，「00000001」→「A」，「00000010」→「B」…，「00011011」→「Z」のように対応させていくイメージです．なんだか暗号のようなイメージを持ちませんか？　逆に考えてみましょう．コンピュータは情報をすべて「0」と「1」で表しています．例えば以下のような情報があります．ここから「何が書かれている」のかを読み解かなくてはいけません．そのためには読み解くためには「ルール」と「暗号表」が必要となります．

図6-1-1　情報はすべて0と1．何が書かれているのかはこのままではわからない

　「ルール」は大きく分けると2種類存在します．1つは8ケタ（1 Byte）ずつ区切る方法です．もう1つは16ケタ（2 Byte）ずつ区切る方法です．なぜ，この2種類が存在するのでしょうか？それはこのワークシートの後半で考えてみましょう．

　では，もっとも基本的なルールである8ケタ（1 Byte）ずつ区切る方法で考えていきましょう．

【手順：文字の読み取り】
①8ケタずつ区切る
②8ケタずつ区切った数字の並びに当てはまる文字を読み取る
　→　文字を読み取るためには，暗号表が必要である
　　　暗号表を「文字コード」と呼ぶ．「文字コード」は言語に応じて数多く存在している．
　　　8桁区切りで代表的な文字コード：ASCII コード

　次のデータから文字を読み取ってみましょう．文字の区切りは8ケタとします．文字を読み取るための文字コードは「ASCII コード」を使用します．ASCII コードの文字の読み取り方は次の通りです．

6）知識を活用し，現実的な値や形を決定できる力

例：読み取るコード「01001011」
① コードの左側4桁「0100」を上位ビットと呼び，その並びと同じものをASCIIコード表の列から見つける
② コードの右側4桁「1011」を下位ビットと呼び，その並びと同じものをASCIIコード表の行から見つける
③ 見つけた列と行が交差した文字を読み取る．この場合は「K」になる．なお，コードの中の「SP」はスペース（空白）のことである．

```
0 1 0 1 0 1 0 0 0 1 1 0 1 0 0 0 0 1 1 0 1 0 0 1 0 1 1 1 0 0 1 1
0 0 1 0 0 0 0 0 0 1 1 0 1 0 0 1 0 1 1 1 0 0 1 1 0 0 1 0 0 0 0 0
0 1 1 0 0 0 0 1 0 0 1 0 0 0 0 0 0 1 1 1 0 0 0 0 0 1 1 0 0 1 0 1
0 1 1 0 1 1 1 0 0 0 1 0 1 1 1 0
```

図 6-1-2　8ケタずつに区切ってみよう

上位ビット→ 下位ビット↓	0000	0001	0010	0011	0100	0101	0110	0111
0000	NUL	DLE	SP	0	@	P	`	p
0001	SOH	DC1	!	1	A	Q	a	q
0010	STX	DC2	"	2	B	R	b	r
0011	ETX	DC3	#	3	C	S	c	s
0100	EOT	DC4	$	4	D	T	d	t
0101	ENQ	NAC	%	5	E	U	e	u
0110	ACK	SYN	&	6	F	V	f	v
0111	HT	ETB	'	7	G	W	g	w
1000	BS	CAN	(	8	H	X	h	x
1001	HT	EM	)	9	I	Y	i	y
1010	LF/NL	SUB	*	:	J	Z	j	z
1011	VT	ESC	+	;	K	[	k	{
1100	FF	FS	,	<	L	¥	l	|
1101	CR	GS	-	=	M	]	m	}
1110	SO	RS	.	>	N	^	n	~
1111	SI	US	/	?	O	_	o	DEL

図 6-1-3　ASCIIコード

図6-1-2には，何と書いてありましたか？

6-1-1)

8桁区切りの場合は256種類の文字を表すことが可能ですが，日本語はそれで足りるでしょうか？ひらがな，カタカナ，漢字を考えるとどうも足りなさそうではありませんか？さて，日本語を表すためにはどうしたら良いでしょうか？

6-1-2)

6）知識を活用し，現実的な値や形を決定できる力

　文字コードの違いを体験してみましょう．ブラウザを立ち上げて，任意の Web ページを表示しましょう．ブラウザのツールの中に「エンコード」というメニューがあります（Internet Explorer の場合は，「表示」－「エンコード」）．このメニューでは，その Web ページを表示するために使われている文字コード表が何かを確認することができます．下図の場合は「Unicode（UTF-8）」という文字コードが使われています．ここで，他の文字コードを選択してみましょう！Web ページはどのように表示されますか？また，なぜそのような表示になったのかを考えてみましょう！さらに，他の Web ページを表示し，使われている文字コードを確認しましょう．すべて同じでしょうか？

図 6-1-4　ブラウザを使った文字コードの確認

　様々な Web ページを確認すると，使われている文字コードはそれぞれ異なることがわかります．では，どの文字コードを使うかはどこで決めているのでしょうか？ それを確認するための方法があります．ブラウザのメニューから「ソース（を表示）」（Internet Explorer の場合は，「表示」－「ソース」）を選択してみてください（図 6-1-5）．そうすると，開いている Web ページを表示するための HTML（Web ページを表示するための命令書）が表示されます（図 6-1-6）．この中の最初の方に，「charset=utf-8」という表記があります．「charset」は文字コードを指定するためのものです．この例では，文字コードとして「Unicode（UTF-8）」が指定されていることになります．ここで指定する文字コードを読み取って，ブラウザがそれに合わせた文字コードで表示しているわけなのです．

6）知識を活用し，現実的な値や形を決定できる力

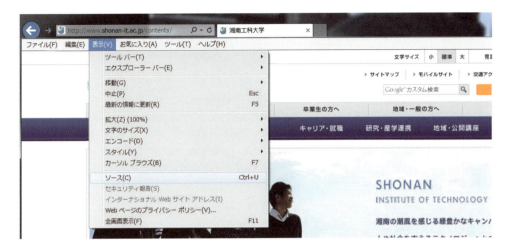

図 6-1-5　「ソース」の選択

図 6-1-6　Web ページのもととなるソース：HTML

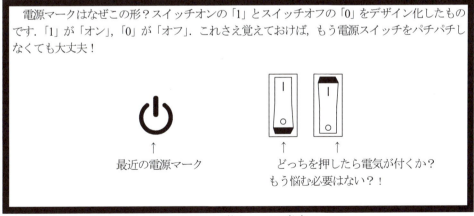

図 6-1-7　電源マークの意味

6）知識を活用し，現実的な値や形を決定できる力

6-2) 自分でグラフを作って答えを見つける

　4-5）車間距離を求める練習と似た問題をやってみましょう．あるカメラで車のナンバープレートを距離を変えて撮影してみました．そのとき写真に映るナンバープレートの横方向の長さを物差しで計測します．それが図 6-2-1 です．では，図 6-2-2 になるときの距離はどのくらいでしょうか？　グラフ用紙を使って，自分でグラフを作り，距離を推定してみてください．4-5）を思い出せば，基本的な考え方はわかると思います．4-5）だけでなく後から出てくる 6-9）も関係があります．科学とは一見全く関係なさそうでも，実は，原理・原則の部分で共通して考えられることが多いのです．

1 m　プレートの幅　70 mm

5 m　プレートの幅　18 mm

20 m　プレートの幅　5 mm

図 6-2-1　距離と写真上でのナンバープレート横方向長さ

6）知識を活用し，現実的な値や形を決定できる力

では，

??m プレートの幅9 mm

図6-2-2　プレートの幅が写真上で9 mmのとき，距離はいくらでしょうか？

6-2-1）

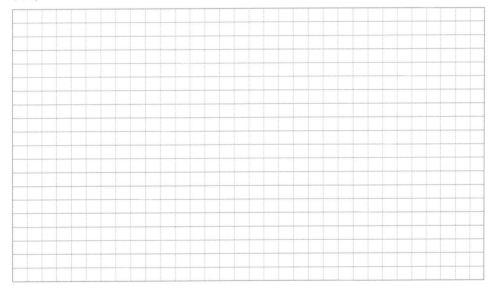

　自分で，座標軸を書き，スケール，メモリを決めてグラフを書いて答えを出してみてください．初めて書いてみると意外とうまくいかないものですが，慣れてしまえば簡単です．

6）知識を活用し，現実的な値や形を決定できる力

6-3) 製品の寸法を決める

　皆さんが使っている音楽プレーヤーやスマートフォンで，図 6-3-1 のようなイヤホンタイプのヘッドフォンや本格的なヘッドフォンなどを使って音楽を聴いていると思います．さて，このヘッドフォンやイヤフォンのコードの長さはどうやって決まっているのでしょうか？コードの長さは，なんとなく決まっているのではなく，ちゃんとした設計によって決まっています．例えば，イヤフォンを定価 1000 円で売ろうと考えたとします．お店での値引きなどを考えて，800 円で売っても利益が出るように考えなければなりません．このとき，コードを 1 m にすると全体価格は販売価格相当で 752 円になりますが，コードを 2 m にすると 812 円になってしまいます．2 m なら赤字になってしまうのです．このようなケースでは，コードの長さをいくらにするのかは，非常に重要な問題です．また，コードは長ければ長い方が自由に遠くまで使えますが，あまり長くても使いづらいような気がします．逆に短すぎると使えない場合があるかもしれません．つまり，コードの長さは，思いつきで決めるのではなく，〇〇という理由があるから〇.〇 m でなければいけないという根拠が必要になるのです．商品を設計するということは，すべて，こうして寸法や重さなどに根拠を設定して積み上げていくことなのです．それでは，皆さんも同じようにイヤフォンのコードの長さを決めてみましょう．

図 6-3-1　オーディオイヤフォンのコードの長さをどのように決めるのか？

　まず，「極端にコードが短かったらどんな問題があるでしょうか？」，反対に，「極端に長かったらどんな問題があるでしょうか？」と考えてみましょう．そして，その問題をなんとか数値としてあらわす努力をしてみてください．例えば，「極端に長いと不便だ」といっても，「不便さ」を測る方法がないとどうすることもできません．そこで，「不便さ」を客観的に測定できる別の計測値に変える必要があるのです．図 6-3-2 に言葉を入れてみましょう．

6-3-1)

■イヤホンのコードの長さが20cmだと何が問題であるか？
→　　　　　　　　　　　　　　　　　　　　　　　　　　

数値化する；　　　　　　　　　　　　　　　　　　　　

■イヤホンのコードの長さが5mだと何が問題であるか？
→　　　　　　　　　　　　　　　　　　　　　　　　　　

数値化する；　　　　　　　　　　　　　　　　　　　　

図 6-3-2　極端な長さで何が問題？どうやって数値化する？

6）知識を活用し，現実的な値や形を決定できる力

「数値化する」というのは，測定できる物理量で定義するということです．不便さなら，「何回いらいらするか」という回数で測定したり，「届く範囲」と考えて面積や体積で数値化を考えてみることです．次に，上で掲げた問題をコードの長さを横軸に数値化した量を縦軸にしたグラフとして表してみましょう．関係は，想像できる大体の関係でよいので，グラフを書いてみましょう．

6-3-2)

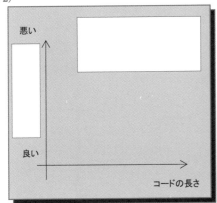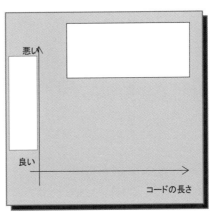

図 6-3-3　グラフにしてみましょう

左のグラフは，コードを短くすると不便になることを右のグラフは，コードを長くすると不便になることを縦軸にしましょう．一方，縦軸は，数が大きくなると不便になるようにします．例えば，左のグラフでコードの長さを横軸にして，縦軸は音楽デバイス本体を入れておける場所の数の逆数としてみましょう．コードが短くなればなるほど，デバイス本体を入れることができるポケットやデバイスを置く場所の数が少なくなってきます．縦軸はその逆数ですから短くなればなるほど大きくなってきて，悪くなるわけです．

一方，右のグラフを考えてみましょう．横軸をコードの長さと考え，縦軸を例えば，コードの絡まる頻度とか絡まってできるこぶの個数としてみましょう．長くなれば長くなるほど，絡まって個数が増えてきますから，右のグラフと左のグラフは図 6-3-4 のようになるのではないでしょうか？

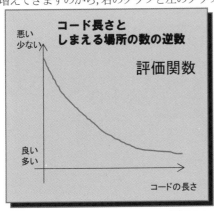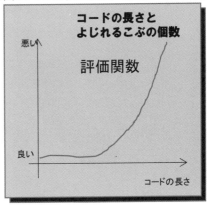

図 6-3-4　グラフの例

ここで，左のグラフは，コードが短くなると悪いことです．右のグラフは，コードが長くなると悪いことです．この 2 つの悪いことを解決する方法として，図 6-3-5 のように 2 つのグラフを重ね

6）知識を活用し，現実的な値や形を決定できる力

書きしてその交点に対応するコードの長さを最終的な決定値とする考え方があります．今の例では縦軸が厳密には同じ単位ではありませんので，2つのグラフを重ねることはできませんが，うまく縦軸を設定してあげれば，図のように「最適な」というより，「悪くならないコード」の長さを1つに決めることができるのです．

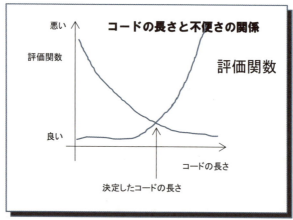

図 6-3-5　決定したコードの長さ

このように，商品を設計するときに，寸法，重さ，大きさなどすべて，設計値の妥当性が必要であるのです．そこで，考え方として，長すぎて発生する問題と利点．短すぎて発生する問題と利点をグラフを用いて考え，両者の交点（Trade off）から，商品にするための設計値を決定するのです．

この考え方でいくつかの例のグラフを考えてみましょう．縦軸については，不便さや便利さという言葉で実際に測定できる物理量を考えてみてください．1つ目の練習は，スマートフォンや携帯電話の数字キーの横の長さです．どうして，あの大きさに決まっているのでしょうか？

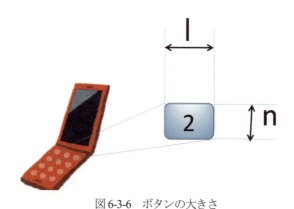

図 6-3-6　ボタンの大きさ

6）知識を活用し，現実的な値や形を決定できる力

6-3-3）

携帯電話／スマートフォンの数字ボタンの大きさ（1辺の長さ）

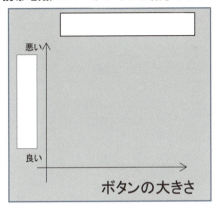
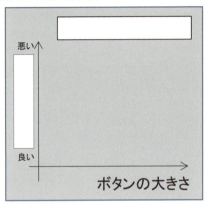

図6-3-6　数字ボタンの大きさを決める

　2つ目の問題は，ノートパソコンのバッテリーの容量です．バッテリー容量が大きくなって困ること，少なくて困ることは何でしょうか？縦軸の定義の厳密さを気にしないで考えてみてください．

6-3-4）

ノートパソコンのバッテリー容量仕様設計

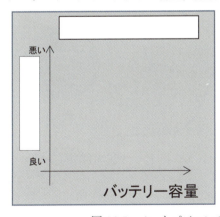
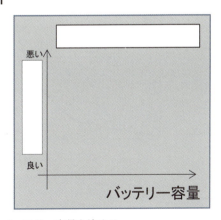

図6-3-7　ノートパソコンのバッテリー容量を決める

6) 知識を活用し，現実的な値や形を決定できる力

6-4) バッテリーの設計値を決める

　それでは，6-3) で勉強した最適化の考え方を使って，実際に数値を決定してみましょう．6-3) では，縦軸の意味合いが違うので，グラフを重ね合わせることができなかったのですが，正規化といって縦軸を無次元化することによって，異種のグラフを重ね合わせ，最適な値を1つに決めることができます．実際に考えてみましょう．今，新しく電気自動車を設計しようとしています．設計資料としてAからDまでのグラフがあります．このグラフから特性・傾向を読み取り，電気自動車のバッテリーの容量を決定してください．すべてのグラフを用いるかはわかりません．自分で必要だと思うグラフを使ってください．

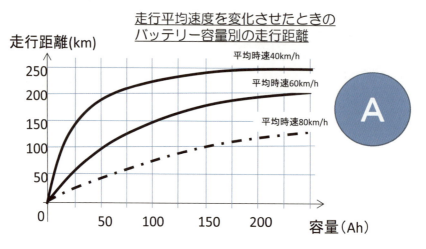

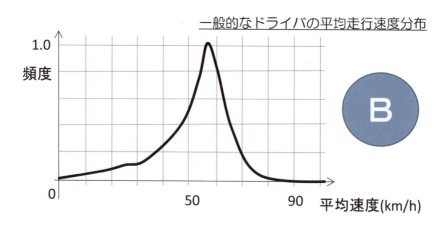

6）知識を活用し，現実的な値や形を決定できる力

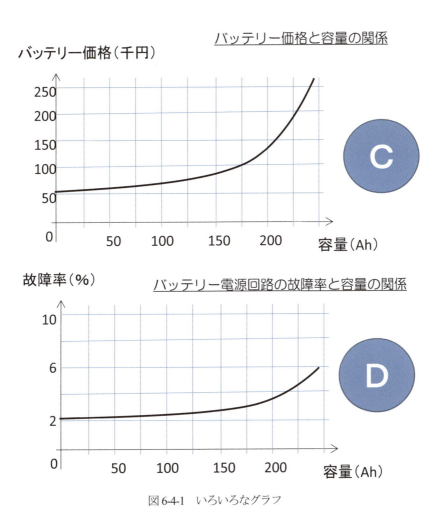

図 6-4-1　いろいろなグラフ

　それでは，具体的に考えていきましょう．まず，A のグラフは，平均速度のパラメータでわかれています．B のグラフから一般的なドライバの走行速度は，60 km／h 程度と考えることができます．そこで，A のグラフで平均時速 60 km／h のグラフ線を用いることにします．次に，A のグラフは縦軸が走行距離です．これを無次元化してみましょう．いま，平均速度 60 km では，走行距離 200 km が最大になっています．この 200 km が 1.0 になるようにします．つまり，100 km は，0.5，0 km は，0.0 と考えればよいのです．そう考えて，A'のグラフを書いてみましょう．

6）知識を活用し，現実的な値や形を決定できる力

6-4-1)

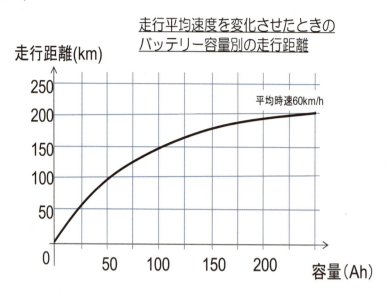

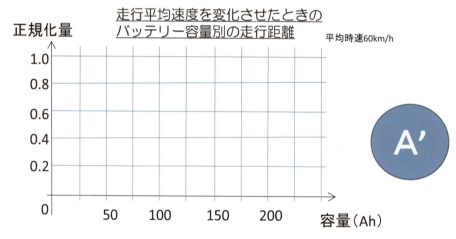

図 6-4-2　走行速度の正規化グラフ

6）知識を活用し，現実的な値や形を決定できる力

同様に，グラフ C，グラフ D も最大値で正規化してグラフを書き換えてみましょう．

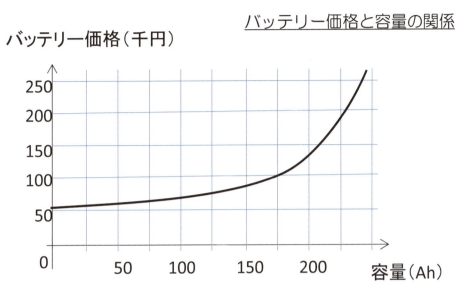

図 6-4-3　バッテリー価格と容量の関係

6-4-2)

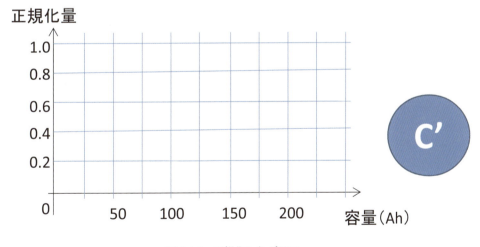

図 6-4-4　正規化したグラフ

正規化する場合，1.0 がユーザーにとって良いことであり，0.0 が良くないことであると意味づけます．図 6-4-2 では，走行距離が長い方がユーザーにとってよいことなので，200 km が 1.0 に対応するわけです．グラフ C'では，バッテリー価格が安い方がユーザーにとって良いわけですから，バッテリー価格が 1 番安い 50 千円が正規化したグラフでは，1.0 になります．そして，250 千円を 0.2 ぐらいにしましょう．同様に，グラフ D'についても正規化グラフを作ります．

6）知識を活用し，現実的な値や形を決定できる力

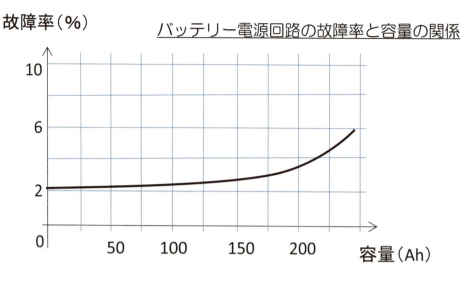

図 6-4-5　故障率と容量の関係

6-4-3)

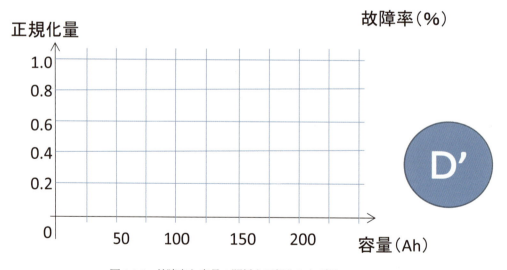

図 6-4-6　故障率と容量の関係を正規化したグラフ

　故障率は，小さい方がユーザーにとって良いので，故障率 2.0 が 1.0 に対応し，故障率 6.0 が正規化の数字 0 に対応させましょう．そして，A'，C'，D' のグラフを図 6-4-7 のグラフにまとめて 1 つに書いてみてください．

6）知識を活用し，現実的な値や形を決定できる力

6-4-4)

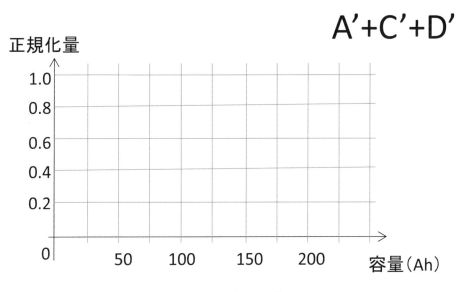

図6-4-7　最適点の決定

　3つのグラフがおおむね重なったところが設計するべきバッテリー容量です．バッテリー容量は大きくなれば走行距離は増えますが，車両の価格が高くなり，しかも，故障が起こりやすくなります．一方，バッテリー容量を減らせば，バッテリーの値段が安くなり，故障も少なくなりますが，走行距離が短くなります．そこで，これらの得失を考えて，もっとも妥当なところが各線の交わる点付近と考えるのです．実際の設計ではこのような単純な手法による決定はしていませんが，利益をどのような場合でも最大にする，もしくは，リスクをどのような場合でも最小にするというtrade offの考え方は，設計において重要な思想です．

6）知識を活用し，現実的な値や形を決定できる力

6-5) 現実的な構造を考える

　電車の2枚扉のようですが，手動で左右に開く扉があります．左だけの扉を開けようと手で左の扉を動かすと，その力で右の扉も開く方向に動きます．右だけの扉を開けようと手で動かしても左の扉が開く方向に動きます．また，左右が開いた状態で，右の扉だけを閉める方向に動かすと，左の扉も閉める方向に動きます．左の扉だけを閉めても右の扉も閉まります．不思議な扉です．いったいどんな仕組みになっているのでしょうか？電気仕掛けではありませんのでモータは使っていません．人が扉を動かす力だけで，両方の扉が動く仕組みになっているのです．いったいどうなっているのでしょうか？
6-5-1)

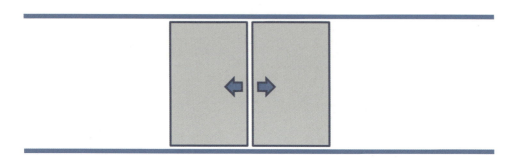

図 6-5-1　構造を考える

　上の図にどのような仕掛けになっているのかを考えて，書き加えてみてください．考え方の基本は，現実的なやり方を考えてください．モータやスイッチなどの電気仕掛けではありません．ごく簡単な構造で実現します．

6）知識を活用し，現実的な値や形を決定できる力

6-6) 現実的な構造から機能を考える

　この機械は，何をする機械でしょうか？用途がわかったら，なぜ，そう思ったのかを文章で説明してください．

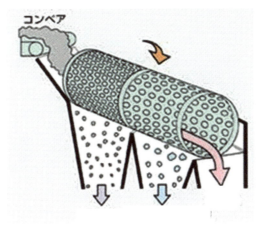

図6-6-1　不思議な装置

6-6-1)

　大事なことは，なぜそう思ったかです．自分で気が付いた理由を詳しく記述してください．このときには，良い観察する眼とその理由を推測する力が重要です．世の中で活躍している多くの機械は，こうした簡単な原理を用いて活用されているのです．わかりましたか？コンベアから流れてくるものが穴の開いた回転する籠を通過してくるのですが，穴の大きさをよく見てください．なぜ，穴の大きさが違うのでしょうか？また，穴の大きさはどのように変化しているでしょうか？

6）知識を活用し，現実的な値や形を決定できる力

6-7) 川幅を求める

いま幅の長さがわからない川があり，対岸のところに 1 本の木が立っているとします．なんとか川の幅を求めようとしますが，便利な測定器とかはありません．ロープを投げて測るとかもできません．ただ手元には分度器があるだけです．この状況で川の幅をどうやって測れるのか考えてみましょう．

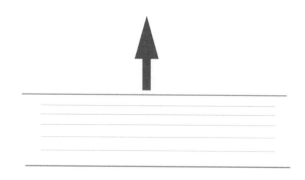

図 6-7-1　川の幅を測定する

ヒント：直角三角形の比の関係を使って，川幅を直角三角形の 1 辺として考えてみてください．

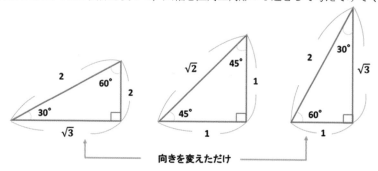

図 6-7-2　直角三角形の比の関係

6-7-1)

では次に，川幅の距離がわかったところで，木の高さを見積もる方法を考えてみましょう．

6）知識を活用し，現実的な値や形を決定できる力

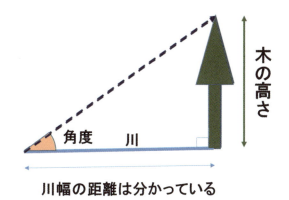

図 6-7-3　木の高さを考える

　いくつか方法があると思いますが，その中の1つとして，木と反対側の対岸に立ち，その場所から木のてっぺんまでの角度を測ることで調べられる方法が考えられます．具体的にどのように計算するのでしょうか？　今度は，30度，45度，60度に限りません．忘れた人もいるかもしれませんので，三角関数の式を載せておきます．

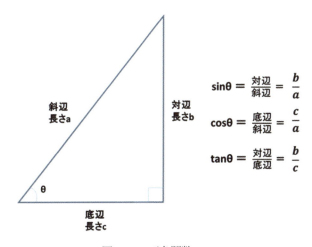

図 6-7-4　三角関数

6-7-2)

6）知識を活用し，現実的な値や形を決定できる力

　さて，皆さんは測量という言葉を聞いたことがあると思います．今回のように，三角形の原理から，2つの離れた地点の距離を測る方法が三角測量と呼ばれています．
　前の問題では，直角三角形の場合で考えましたが，直角に限らず「三角形の1辺と2つの角度がわかっていると，残りの1点の位置が確定できる」という性質を利用しているのが三角測量です．まず2つの地点から3つ目の地点の角度を測り，その地点からまた別の地点を定めて角度を測る，ということを順に繰り返していく方法です．

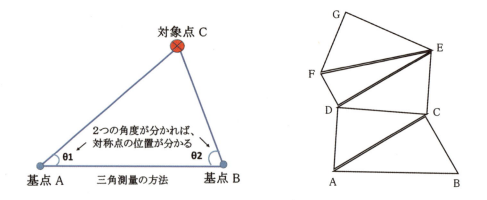

・　図6-7-5　三角測量で位置を求める

6）知識を活用し，現実的な値や形を決定できる力

6-8） 山の高さを測る

6-7）では，三角形の性質を利用して高さや距離を測定する方法を考えてみました．ただし，そんなに遠くない距離での話でした．今度は，山など自分のいる位置から遠くにあるものの高さを求める方法を考えてみましょう．

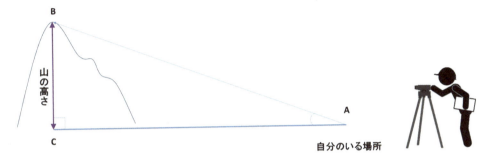

図 6-8-1　山の高さを測る方法

今自分のいる場所を A 点とします．山のある場所を C 点とし，山頂を B 点とします．この場合，山の頂上までの角度（∠BAC）が正確にわかれば，前回の方法で山の高さが求められます．ただし，今回は山のある場所までが遠くにあるため，∠BAC が非常に小さくて正確に測れません．角度のわずかな違いでも，山の高さを見積もるのに大きく影響してしまいます．このような場合，どうやって山の高さ（BC の長さ）を見積もればよいでしょうか．方法を考えてみましょう．

ヒント：　三角形の相似条件
    1）3 組の辺の比が等しい
    2）2 組の辺の比が等しく，その挟む角が等しい
    3）2 組の角がそれぞれ等しい

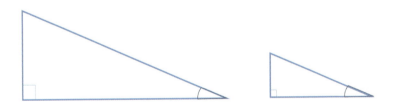

図 6-8-2　2 つの相似な三角形

6）知識を活用し，現実的な値や形を決定できる力

では，どうやって遠くにある山の高さを実際に見積もるのか，できるだけ具体的な方法を考えて書いてみてください．ヒントは，近くにあるものを利用して上述の相似条件を使います．

6-8-1)

それでは，相似条件 2) を使って，具体的な計算をしてみましょう．自分から 1 m 離れた距離に物体があり，そのてっぺんが目の高さから 17.6 cm の高さだったとします．その物体をながめて，てっぺんの延長上に別の物体があり，そこまでの距離が 5 m，高さが 88.3 cm だったとします．では，同様に 1 km 先にてっぺんが重なる山があったとして，その高さはいくらでしょうか．

6-8-2)

6）知識を活用し，現実的な値や形を決定できる力

6-9) 見かけの大きさと実際の大きさの関係

　昼間に見える太陽の大きさと，夜に見える月（満月）の大きさは，どちらも空を見上げたとき，同じくらいの大きさに見えますよね．

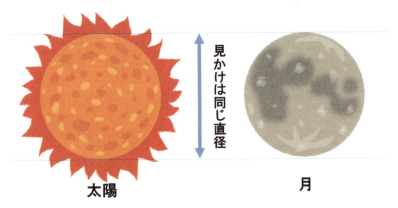

図 6-9-1　太陽と月の見え方

　もちろん皆さんは，実際の大きさが違うことは知っていると思います．同じ大きさでも，近くにあると大きく見えて，遠くにあると小さく見えるということは日常経験していることです．その逆で，距離が違うのに同じくらいの大きさに見えるということは，遠い距離にある方が，実際の大きさは大きいということですね．ではここで，遠くにある星の大きさ（直径）をどのように求めるかを考えてみましょう．

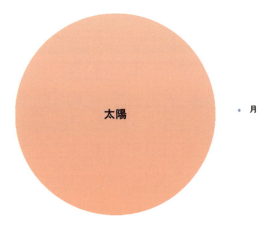

図 6-9-2　太陽と月の実際の大きさ比較

　いま，手元に 5 円玉（あるいは 50 円玉）があるとします．この 5 円玉の真ん中の穴をのぞいてみてください．その穴を通して太陽や月が，ちょうど穴の大きさと一致するように 5 円玉の距離を調整してみてください．

93

6）知識を活用し，現実的な値や形を決定できる力

　ここで，相似の考え方を利用する手法を考えてみましょう．いくつかの大きさの異なるものに対して，穴をのぞいて穴の大きさと一致するように距離を測ったとします．丸いものでなくてもかまいません．このとき，どのような関係があるでしょうか？横軸を距離，縦軸を大きさとしてグラフを書いて考えてみましょう．

　まず自分のいる地点を左側に置き，そこから部屋の中のもの，外に出て目印となるもの，さらには建物のなどに対し，100 m くらいの範囲で，その物体までの距離と，大きさ（高さ）を求めてグラフ上にポイントしてみましょう．そうして複数ポイントした点が，どのように並んでいるのかながめてみてください．ポイントを結ぶと直線が引けませんか？

6-9-1)

　ポイントの並びは，どうだったでしょうか．少しくらいずれていたとしても，およそ直線上にポイントが並んでいると思います．このように，およそ直線上にのる場合は，この直線を近似線と呼びます．重要なのは，5円玉の穴からのぞいた物体の大きさ（高さ）が一致していることです．

　このグラフから，どんな距離にある物体も，直線上にのるものであれば，その大きさを見積もることができます．つまり相似の関係を利用しているわけですが，相似の関係にあることを示すのが直線の傾きということになります．

　それでは，上のグラフから傾きを求めて，実際に月と太陽の実際の大きさを予測してみましょう．
　地球から月までの距離は，38 万 km，太陽までは 1 億 5 千 km です．

6-9-2) 月の大きさ	およそ直径	km
6-9-3) 太陽の大きさ	およそ直径	km

■最後に

　この本の冒頭で述べたように楽しんで練習問題ができたでしょうか？この種の課題は，知識を獲得したり，式の意味を理解したりする勉強と異なり，「昨日できなかったこの問題が，今日見たら解けた．」という学習進度の充実感を得にくい分野かもしれません．「昨日練習した問題は，今日できるけれども，ちょっと条件が変わったら解法できるか不安である．」と思います．しかし，昨日経験した考え方，知識の使い方は，必ずあなたの体の血や肉になっているはずです．この問題集では，6つのカテゴリーに分類しました．それらカテゴリーに共通していえることは，「好奇心を持つこと．」，「自分でなぜ？と考え，自分で納得するくせ」を作ることだと考えています．

　社会に出て，いろいろな問題に接すると最適解を求めること，最適解を製品に反映させることが意外と難しいことに気が付きます．例えば，ここまで寸法を小さくすれば，最適なバランスが実現し，最高な商品ができることがわかったとします．しかし，その大きさの部品を使うためには，部品の型（かた）をおこさなければならず，膨大な費用がかかってしまいます．それでは，安価に商品が作れません．そこで，大きさとしては，最適ではないのですが，その大きさに近い既製品を用いて，少しでも最適に近い商品を作ることの方が大事になります．「理想の最適解」よりも「現実的な近似解」なのです．もっといえば，「理想的な商品ができない」よりも「理想に少しでも近い商品が早く，安くできる」ほうが好ましい場合もあります．ぜひ，そうした多様な考え方があることを理解してください．そして，その考え方を理解した上で，理想に近づくための努力をしていかなければなりません．

　最近，大学を卒業した学生の実力を「学士力」として評価する流れがあります．「学士力」には知識を体系的にとらえる力や問題発見力，問題解決力，数量化する力など多様な力が総合的に活用できることが重要であります．この練習問題で勉強した6つのカテゴリーを中心に世の中で活躍できるエンジニアの素養について周りの人といろいろ議論ができるようになれば，この練習問題の2番目の目的は達成されたものと思います．

■解答のヒント

1)「先入観にとらわれず,現象を正しく見極められる力」を養う練習問題

1-1-1) ここでのポイントは,アンケートの結果に対して肯定的な意見を持ったか,否定的な意見を持ったかです.肯定的に物事をとらえることは,決して悪いことではないのですが,本当にそうなのか自分の頭で考えてみることはとても重要です.自分の感じたことを簡潔に書いてみましょう.

1-1-2) 1-1-1) で肯定的に記述している人は,その理由を具体的に再確認してください.データに表現されている客観的事実のみに基づいて読書後どのように感じたかを考えてみてください.「自分もサプリメントを飲みたくなった.」というイベントの感想文ではなく,書かれている内容についてコメントしてください.「書かれているのは,自分もサプリ利用者としてその通りだと実感した.」(肯定的コメント),「どこがおかしいのかわからないが,何か極端な結果であると感じる.」などいろいろ表現してみてください.また,どこがウソっぽいのでしょうか?なんとなく感じる違和感を大切にしてください.

1-2-1) 掃除機の入力はなんでしょうか? 出力はなんでしょうか?具体的に考えてみましょう.また,文章として記述することが重要です.答えは,本文を参照してください.

1-2-2) 簡単ですね.掃除機は,(A+B) → (A) と (B) の機能を持っています.空気清浄機と洗濯機の機能は,同様に (A+B) → (A) と (B) と分離することが目的です.一方,ミキサーだけ (A) と (B) → (A+B) と混合することが目的です.よって,掃除機の仲間は,「空気清浄機」と「洗濯機」です.空気清浄機は簡単にわかると思いますが,洗濯機も布に付着した汚れを布と汚れに分離する装置として考えることがポイントです.

1-3-1) それぞれを構成している物質(材料)の種類,色,匂い,かたさ,加工状態,大きさ,たたいたときの音,味覚などどんな規範(区別する尺度)でも良いので,考えてみてください.ちょっと苦しい,言い訳でも結構です.大事なことは,ちょっと気が付く共通点ではなく,いろいろ考えてこじつける共通点を見つけることが大事です.常識にとらわれず,「オムレツ」と「柴犬」の共通点を見つけてみてください.逆に,「茶わん」と「朝顔」の共通点は何かというクイズをしてみるのも面白いかもしれませんね.広い知識が要求されます.共通である規範を見つけるときに,人間の五感(視覚・聴覚・臭覚・味覚・触覚)や5M(Material:材料,Money:お金(値段),Man:人とのかかわり,Method:方法・手段,そして,Machine:機械とのかかわり)などを参考にして考えると良いかもしれません.

解答のヒント

2)「観察される現象から原因と結果の関係を分析・類推できる力」を養う練習問題

2-1-1) 入力：ゴミ　出力：排気（空気）　が1番素直な解答例でしょう．

2-1-2) 天文・宇宙に関する本を自分で調べてみてください．地球に入力するエネルギーと地球から放射されるエネルギーを考えます．これを地球のエネルギー収支といいます．入力のほとんどは，太陽から得られる「太陽放射エネルギー」です．一方，地球が失うエネルギーは，宇宙空間に放射（再放射）される熱エネルギーなどです．詳しくは，この機会にいろいろ調べてみてください．結局入力と出力の量は同じになるのでしょうか？

2-2-1) 本文を参照してください．顔が180度反転しているという印象以外，あまり，違和感がないかもしれません．ちなみに，この写真は著者の1人の子供のときの写真です．

2-2-2) 顔が普通の向きに戻って，顔が反対のときには気が付かなかったことが急に気づくようになるのではないでしょうか？

2-2-3) 本文を参照してください．

2-2-4) 人間が顔を認識するときのメカニズムと関係しているかもしれません．自分で調べてみましょう．こうした現象を錯視といい，特にここで扱った錯視を「サッチャー錯視」といいます．インターネットなどで探してみましょう．そして，なぜ錯視が起こるのかを考えると面白いことがわかると思います．この他にもいろいろな錯視が報告されています．

2-3-1) 皆さんの想像にお任せします．大きさをイメージしてください．

2-3-2) 部品Aと部品Bが永久磁石で引き合うという部分がポイントですね．2-3-2に書かれた内容に磁石を使う必然性が示されていれば，用途が違っていても大変良いセンスをしていると自信を持ってください．

2-3-3) 本文を参照してください．

解答のヒント

3)「図, アナロジー, 簡略化などにより真実を理解できる力」を養う
練習問題

3-1-1) 本文を参照してください.

3-1-2) 答えは,「03150211011609」考え方は,「0」が3つ,「1」が5つ,「0」が2つと, データの「種類」とそのデータが連続して現れる「数」だけを示すように記述します.

3-2-1) 答えは, 可逆性が必要：テキストやプログラムなどは完全に戻らなくてはダメですよね. 可逆性とは, 圧縮して元に戻したときに, 圧縮する前とまったく同じになるとき, 可逆性があるといいます.

3-2-2) 答えは, 非可逆性でも可のものは, 画像, 音楽, 動画などです. 厳密に考えれば圧縮して, 元に戻したときに圧縮前のデータと同じにはなりませんが, 画像や音楽などでは, ほんのちょっとの違いであり, 実際に見たり聞いたりしている分には, 非可逆でも大きな問題になりません.

3-3-1) 本文を参照してください.

3-3-2) 1人のコックさんが, 同時に注文を受け, いっぺんにオムライス, ハンバーグ, ステーキ, そして, スパゲティを一緒に作っていれば, クアッドコアといえるでしょう. 食べる人の視点に立てば, カレーライスと担々麺を同時に食べている人がいれば, その人はデュアルコアと考えられます.

3-3-3) 1つの仕事に手がかかり, その間に他の仕事ができない場合. あるいは, レンジを使おうとしたら, 別の仕事でレンジを使っており, それが終わるまでこの仕事を待っていなければならないなど4つの仕事の順番が自由にならないと, 急に仕事が遅くなってしまします.

3-4-1)
　　人の特徴…
　　・人によって解き方が違います.（解き方, 手順も含みます.）
　　・大きな数字の最大公約数を求めるための素因数分解だけでも大変です.
　　・計算の終わりが明確でありません.

　　コンピュータの場合（コンピュータで動作するアルゴリズムによる特徴）
　　・だれがやっても同じ手順, 結果となります.（明確なアルゴリズム）
　　・終了条件が明確です.（ユークリッドの互除法の場合は, 余りが「0」になったときという明確な終了条件があるます.）
　　・有限回で実行できます.

3-5-1) 図3-5-4を参考にしてください.

解答のヒント

3-5-2）「並び替えの終わった数字はソート済みとしてその後の並び替えの対象とはしない．」というルールです．

3-5-3）1度にすべてのデータを見ることができない（人間は例題程度の数ならば把握できてしまう）1度に比較できるものは1対のみであること．途中で並び替えが出来上がっていても，1対ごとのデータの入れ替えしかしていないので，すべての組み合わせをチェックするしかない．などです．

3-6-1）解答は以下です．

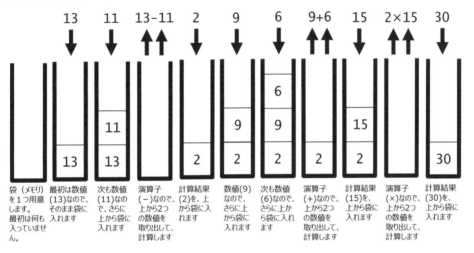

3-6-2）　答えは，(13－11) × (9+6)　です．

3-6-3）コンピュータにとっての逆ポーランドのメリットは，3-4-1）のコンピュータに求められるアルゴリズムの特徴を参考にしてみてください．1つ目は手順が明確でシンプルであること，2つ目はカッコの位置によって計算の順番を変えなくて良いこと，3つ目は記憶する場所をあちこちに用意しなくて良いことなどがあげられます．

3-7-1）時間は，7時7分25秒166ミリ秒から7時7分25秒100ミリ秒を引いた66ミリ秒（＝0.066秒）．　答えは，距離 ＝ 30万 km／s × 0.066 s ＝ 19800 km　（約2万 km）

3-7-2）三角法を利用することを考えると，3機の衛星で自分の位置を特定できます．1つ目の衛星の情報から，球面上のどこかに自分がいます．2つ目の衛星の情報から，もう1つ球面上のどこかに自分がいることになるので，2つの球面が交わる部分は円となり，自分はその円周上のどこかにいることになります．さらに3つ目の衛星の情報から，3つ目の球面上のどこかに自分がいることになります．さきの円周と，3つ目の球面が交差する箇所は，円周上の2点に絞られます．2点のうち1点は地表から離れた場所になるので，地表上の1点に絞ることができるのです．

解答のヒント

補足説明；
　　　実際に運用されている GPS では，最低でも 4 基の衛星の信号が必要です．3 次元の位置特定のための 3 基の衛星と時間を特定するためのもう 1 基の衛星が必要になります．すべての衛星の時計が全く同じに動かないので，その補正のための 1 基が必要なのです．興味があるかたは，ぜひ，どのようにして位置と時間を特定しているのか，調べてみてください．

解答のヒント

4)「データに基づき客観的に分析・判断できる力」を養う練習問題

4-1-1)
　周波数が 0.8 GHz→「物陰でも良好に電波を受信できる．」1.5 GHz の方式もあるのですが，周波数が高いと光の特性に近くなるので，物陰に入ったときに電波を受けにくくなります．
　Gセンサ感度 0.9 μV／G→「微小なスマートフォンの動きを正確に検出できる．」重力加速度と同じ加速度を受けたときに，0.9 μV が発生するという意味です．
　電池容量5Ａh→「通常よりも長持ちでパワフルです．」
　バックライト明るさ300ルクス→「日中，外でもはっきり見える明るさです．」
　連続 26 時間動作→「就寝時間に充電しなくても OK．」

　これらのことから，このスマートフォンを使って便利な人は，例えば，日中，1 日中太陽の光が当たる外で仕事をして，その現場で仕事のために地図などのアプリを頻繁に利用する人，また，高層ビルの中でも電話を良く受信できる人→建設現場にいる現場監督のような人．（あくまでも1つの例です．）

4-2-1) できるだけ定性的に考えないで，定量的に考え記述しましょう．

4-2-2) 実際に本文で説明したグラフを書いてみましょう．1 個当たりの値段×売上個数を計算してみると下の表のようになります．

	販売個数 （個）	販売価格 （円）	売り上げ額（万円）
2001	1600	300	48.0
2002	1500	300	45.0
2003	1700	270	45.9
2004	1800	270	48.6
2005	1950	250	48.8
2006	1990	245	48.8
2007	2000	240	48.0
2008	1900	240	45.6
2009	2100	230	48.3
2010	2100	230	48.3
2011	2150	220	47.3
2012	2130	220	46.9
2013	2500	200	50.0
2014	2400	200	48.0
		平均	47.7

　この表を見ると，売上額は，2001 年から 2014 年にかけて 45.0～50.0 万円の範囲でふらついていますが，増加はしていません．「商品戦略がうまくいく．」ということは，売上額が右肩上がりに増加するということです．この場合は，そうなっていないので，「うまくいった．」とはいいにくいでしょう．価格を安くした分，たくさん売れるのですが，その分，人の手間がかかります．売上額が増加しないで，かえって忙しくなっただけですので，戦略

解答のヒント

的には，「失敗」といえるでしょう．ただし，厳密に考えると，総売上額が変わらなくてもホイホイチキンバーガーがたくさん売れることにより，周りの人の話題になり，宣伝効果としてこのお店が有名になることは考えられます．よって，マーケティング的には失敗でないともいえますが，問題の主旨や文脈から考えると成功ではないようです．

4-3-1) 答えは1つではありません．あくまでも例として考えてください．
「山川さんを表彰します．」なぜなら，図 4-3-1 で，売上の平均値は海野さんと同じですが，図 4-3-3 で示されるように，山川さんは，常に 1250 台の年間売上を維持しています．一方，海野さんは売上に変化があり，毎年の売上車両台数の標準偏差が変化しています．つまり，海野さんは，売れ方にむらがあるのに，山川さんは，常に安定した売上台数を示しています．これは，安定して日ごろからお客さまとの関係をいつも努力している現れであり，景気の風潮に左右されない山川さんの不断の努力をたたえるからです．また，山川さんが担当するいろは市の人口は，海野さんが担当するあいうえ市の約 1/17 です．あいうえ市の方が大きいので，他の自動車会社の営業所もたくさんあると思いますから，あいうえ市の営業所も楽ではないと思いますが，いろは市で常に安定した売上を維持していることは，やはりすごいことではないでしょうか？

ただし，次のような見方もあります．山川さんは，本当だったら，たくさん売れるであろう景気の良いときに力を抜いて売上を伸ばしていないから，いつも安定しているのだと解釈することもできます．しかし，仮にそうであるにしても海野さんが売上を落としている 2000 年にも同じ売上を計上している努力は，評価されるものと思いますが，いかがでしょうか？

4-4-1) まずは，客観的なデータによって，どちらにボーナスをあげるべきか，自由に考えてみてください．感情的な記述はいけません．あくまでも，データに基づいた客観的な判断でなければいけません．

4-4-2) 図 4-4-3 の毎月の来客数を図 4-4-2 に示す，その月の販売台数で割った値を計算してみましょう．この数字を「お客様必要数」と呼びましょう．この数字の意味は，1 台を売るのに何人のお客さんと会う必要があったかという数字になります．少ないお客さんとの対応数で車を売った方がセールスマンとしての営業力が高いと考えられますので，「お客様必要数」は，数字が小さい方が優秀なセールスマンといえるでしょう．このように自分で評価尺度を作ってみましょう．下の表より猫田さんに軍配が上がりました．

月	猫田さんの販売台数	犬山さんの販売台数	来客数	猫田さんのお客ゲット数	犬山さんのお客ゲット数
1	10	10	500	50.0	50.0
2	5	15	370	74.0	24.7
3	30	15	1000	33.3	66.7
4	10	15	400	40.0	26.7
5	10	15	400	40.0	26.7
6	20	15	630	31.5	42.0
7	40	25	1250	31.3	50.0
8	5	20	50	10.0	2.5
9	10	20	370	37.0	18.5
10	20	15	500	25.0	33.3
11	20	20	500	25.0	25.0
12	10	5	400	40.0	80.0
平均	15.8	15.8	530.8	36.4	37.2
	(台)	(台)	(人)	(人/台)	(人/台)

解答のヒント

4-5-1) 資料1と資料3を用います．資料1から，写真上のナンバープレートの横方向長さは，B車が10mm，A車が18mmです．この光学系で撮影したときに，被写体とレンズまでの距離と映像の大きさの関係を資料3に示しています．車両Bは，ナンバープレートの横の長さが10mmなので，資料3のグラフから，レンズから32mぐらいの距離であることがわかります．一方，車両Aは，同様に，横軸18mのときの縦軸の値は，5mぐらいです．よって，A車のナンバープレートとB車のナンバープレートの間の距離は，32－5＝27mとなります．グラフからの読みは，正確には読めないので，おおむねこの付近の値を用います．さて，知りたいのは，A車の先頭からB車の後方の車間距離ですから，先の27mからA車の全長を減じた値となります．すると，A車の全長は，資料2から4.795mmです．ただし，グラフの読みは，m程度の精度しか読み取れませんので，精度を合わせる意味で，車の全長をおよそ5mと見積もります．（グラフの読みが細かく見れないのに，全長だけ細かく計算しても意味がないことを理解してください．）すると，27m－5m＝22mが答えになります．

4-6-1) グラフより1階から3階に移動するまでの時間は，30秒かかっています．グラフから，1階から3階に上るときは，常に30秒です．エレベータの籠の移動距離としては，1階分の高さが6mであることから，3階までの移動距離は，6.0m×2階＝12mです．（6.0×3ではないので，注意）12mを30秒かかって進むわけですから，12m÷30秒＝秒速0.4m．求める値は時速なので，0.4m×3600秒＝1440mです．よって，1.44km／h．有効数字が6.0mで2桁とすれば，1.4km／hです．なお，グラフでは，エレベータの籠は等速運動をしていますが，実際には停止状態から所定の加速度を伴って加速し，途中，等速運動をするかもしれませんが，停止前には負の加速度を伴って減速停止するので，上記のような単純な計算にはなりません．

4-6-2) 図4-6-1のグラフを見ると13分ほどの間にエレベータの籠が，1階，3階の間を行き来していることがわかります．時々5階まで上がるりますが，下るとき3階をよりません．よって，1階から3階に向かう客が多いのではないかという推測ができます．「1階から3階に移動する人が多い．」

4-6-3) グラフをよく見ると，5階まで上がっているのは，4：00と12：30に5階到着のケースだけです．それぞれのケースについて考えてみましょう．まず，0：00で籠の扉が閉まり，籠が上がり始めた直後にエレベータ前に到着し，1階で昇りのボタンを押したとすれば，その人がエレベータに乗れるまで1階で2：00待っていなければなりません．その後，5階に上り4：00に到着します．でもちょっと待ってください．エレベータが3階に到着して1分間停止しています．もし，1階でボタンを押していたら，3階で1分も停止していることはないでしょう．ただ，3階からたくさんの人がエレベータに乗ってきて時間がかかり，1階に降り始めるまでに1分かかったのかもしれません．ここでは，待ち時間を最大にする場合としてこちらのケースを考えることにしましょう．よって，この場合は待ち時間が2分となります．もう一方のケースを考えてみましょう．8：00にエレベータの籠の扉が閉まり，上り始めた直後に1階の昇りのボタンを押した場合，エレベータが1階に来て乗れるまで2：30かかります．この場合も3階で1分30秒停止しています．もし，8：00のエレベータが上がり始めた直後に1階でボタンが押されたとすれば，1分30秒も3階で停止していることは考えられません．ただ，この場合も最初のケースのように，人がたくさん3階から乗ってきたのかもしれませんが，3階で90秒停止が必要なくらい時間がかかった人たちが，エレベータの籠が1階で10：30から11：00の30秒ですべて降りて，別の人たちが乗ってくると考えるのは，ちょっと不自然かもしれません．乗るときに90秒かかったのに，降りるときは30秒以内という

103

解答のヒント

わけです．ただ，いたずら坊主が3階にいて8：30から11：00まで「開く」のボタンを押し続けていたのかもしれません．それならば，考えられますね．問題は，最大の待ち時間を考えるのですからこのケースは，8：00直後にボタンを押して10：30に乗り込むので，待ち時間は2：30秒となります．ただし，厳密には，上り始めるときからなので，実際には2：30秒よりも数秒短い時間です．もっといろいろなケールを周りの人と話し合ってみましょう．

4-6-4) 上記4-6-2）の考察から例えば，

 IF エレベータの籠が3階に止まれば，
         then どこからも呼ばれなければ 1階に移動する

などの制御ルールが考えられます．

4-7-1) 4-6-1）同様，グラフから2台のエレベータの動きを読む問題です．2台のエレベータのうち，グラフを見ると1号機は3階と5階と1階の間を行き来しています．一方，2号機は4階，5階と1階の間で人を運んでいます．よって，「1号機は3,5階用，2号機は，4,5階用のエレベータです．」などの注意書きが書いてあると考えられます．また，「2階は止まりません」などのメッセージであるかもしれません．

4-7-2) いろいろなルールが考えられると思います．例えば，
 IF 2号機が5階で人を下ろし，どこからも呼ばれていなければ
         then 1階に自動的に移動する

2号機の動きを見ると4階に1分ほど停止してから5階に移動しています．4階で多くの人が降りていると推測できます．つまり1階には，4階にいく人がたくさん待っているということだと思います．5階にいく人も，2号機に乗っていますが，1号機が同じような動きをしていると1階に上にいきたい人がたくさん集まってしまいます．そこで，せめても3階にいく人のために1号機を1階で待機させれば，1階のエレベータホールで混雑することを多少は緩和できるかもしれません．

 IF 2号機が4階にいるとき **AND** 1号機が呼ばれていなければ
      then 1号機を1階に自動的に移動する

などのルールがあってもよいでしょう．また，この時間帯は，1号機も4階までいく制御をしたら1階からの客をより多く移動させられると考えられます．よって，

 IF 時刻が○：○○から△：△△のとき
        then 1号機も4階にとめるようにする

なお，1階に貼っている，4-7-1）のメッセージを変える必要がありますね．

4-7-3) 問題の状況にそってグラフを追っていけば容易にわかります．ただし，答えは，分針の位置を聞いていることに注意してください（秒針ではありません．）．警官が泥棒を追って1階に

解答のヒント

来たとき，泥棒の乗ったエレベータが1階から上に移動しているとき，もう1台のエレベータは，5階に停止していました．この条件を満たすのは，2号機の4：00，1号機の6：00の2つの場合が考えられます．次に3階で泥棒の乗ったエレベータが停止したので，6：00の1号機に泥棒が乗っていると考えられます．次に，泥棒の乗ったエレベータが3階に止まった6：30から警官は95秒後に3階にたどり着きました．つまり，6：30＋1：35＝8：05に3階についたのです．このとき，1台は，4階，1台は，1階と記されているので位置的に正しいことがわかります．このとき1号機はすでに1階を出発していましたが，エレベータの回数表示にはまだ，1階と表示されていたと考えられます．よって，警官の時計の分針は，8を指していたはずです．

4-7-4) 犯人の乗った1号機が6：30に3階に到着し，8：00に1階に移動しています．一方，2号機は，6：00に5階に到着し，6：30に1階で呼ばれて1階に移動しています．もし，2号機に「エレベータの籠が空になったら1階に戻る」というルールに基づき運転されていたとすれば，2号機は6：30頃には1階に戻っており，警官を少なくとも4階までには運ぶことができたかもしれません．もちろん，そうだからといって犯人を捕まえられる保証はありませんが，3階目で95秒もかかることはなかったのではないでしょうか？他の手があるかもしれません，エレベータの運行状態から別のルールを考えてみてください．

解答のヒント

5)「観察したものや考え方を的確に説明・記述できる力」を養う
練習問題

5-1-1) 説明は，概要から細かい部品に少しずつ変化して伝えます．もっとも大事なことは，図を見ていない聞き手のことを考え，聞き手の頭の中に少しずつイメージが展開できるように説明することです．そのためには，急に脈絡もなく，細かい部分の説明をしたり，全体としてあまり関係ない部分の説明を先にしないことが重要です．そして，聞き手の頭にイメージをうまく作るには，「自分だったらどのようにイメージしていくか」ということを想像しながら聞き手の身になって説明することです．本文のように説明してもよいですし，もっと進めて，「秋の食卓でよく見かける，うまそうな焼いたさんまが皿にのっている写真です．」と最初に一言いうだけで，聞き手の頭にははっきりしたイメージが浮かびます．その後，説明でそのイメージを補強したり修正したりします．聞き手にうまく伝えられるということは，自分もうまく対象を把握できているということです．「焼いたさんまは，楕円形のお皿の右側に尾が来て，頭の部分はついていませんが，左側を向いています．さんまの尾頭付きでなく，頭の部分はとれています．」のように，確認できる情報を述べましょう．尾が右ならその反対は，左に決まっていますが，聞き手に納得・確認させる情報をちょっと述べると，聞き手は安心してイメージを膨らませることができます．また，「頭が付いていない．」と「尾頭付きでない．」は，同じことを述べていますが，情報を冗長にすることによって聞き手にしっかりしたイメージを伝えることができます．最後に，「普通，焼いたさんまには，大根おろしですが，この写真では，その大根おろしに小さなさいの目切りのニンジンが振りかけてあるものと豆苗の和え物が付いています．それらが盛られている位置は，横に長いさんまの背中部分，お皿の中央から上の部分に・・・」など細かい位置などを説明していきます．説明がうまい人は，対象の本質を理解するのもうまい人だと思います．

5-1-2) 複雑な道路風景で何を伝えるべきか悩んでしまいますね．伝える対象がたくさんある場合，まず，場を説明し，次にその場に登場する役者を説明していきます．この問題の場合は，「車の少ない交差点で信号待ちをしている軽トラックの後ろで信号が変わるのを待っている少し視線の高いワゴン車の運転席から見た景色です．」と場を見る視線を示すと後が伝わりやすくなります．ただ，交差点というといろいろな交差点がイメージされますので，「道幅5mぐらいの1車線の道路（一方通行でしょう）から交差点に向かって信号待ちをしています．周りに軽自動車のトラックと自分のワゴン以外，車はいません．」などといえば，場の定義はおおむね伝わったのではないでしょうか？　次は，役者の説明です．1番の役者は，自分の前にいる軽トラックとその横の自動販売機に立てかけてあるバイクでしょう．この説明をしていきましょう．また，すべてを説明しようとせず，全体を説明したら，「さっき説明した軽自動車のトラックですが，色は白くて，ストップランプが点灯しています．また，屋根の部分だけ，赤く塗ってあるようです．」など追加情報を付加しながら，伝える情報を少しづつ増やしていってもよいでしょう．周りの人に伝えてみましょう．

5-2-1) 折り紙の説明は大変難しいですね．空間的な位置関係を言語で説明することは容易ではありません．ただ，うまく説明するために，あらかじめ約束ことを説明の前に決めておくと良いかもしれません．例えば，「山おり」，「谷おり」を説明しておくと説明がスムーズです．さらに，紙の位置を時計の12時，3時，6時，9時の位置で決めておくとか，東西南北，上下左右を伝えるときに起点となる1点をあらかじめ，本当に伝えたい折り方とは関係なく小さ

解答のヒント

くおり込んでおき，そこを常に目印にして上下左右をすべて示せるとうまく空間座標が伝わるかもしれません．いろいろ工夫をしてみてください．

5-3-1)　暗号が解けなくても，考えたプロセスを本文のように順序立てて説明できれば，良いのです．ただ，考えて試みたことを省略したり，やらなかったことを書いたりしてはいけません．本文のように，つぶさに考えたことを書いてみましょう．暗号ですが，子音と母音に分けて，01・85・22・05・01で「アロシオア」となります．それをローマ字表記すると，「AROSIOA」．これを後ろから読めば，「AOISORA」，「あおいそら」となります．

5-4-1)　コンピュータの記憶の特徴としては次のようなものがあげられます．
　　　正確に記憶される，・時間の経過によって変化しない，・正確な手がかりを元に検索できる，・記憶容量は増やすことが可能，・分類／整理して記憶できる，・意図的に消去（削除）することが可能，など

　　　人間の記憶の特徴としては次のようなものがあげられます．
　　　曖昧なものでも記憶できる／検索できる，意図的に消去（削除）することはできない，記憶場所はコントロールできない，特徴を抽出して記憶できる，他の記憶と関連させて記憶できる，時間の経過と共に消去されてしまう場合がある，など

5-4-2)　コンピュータの「処理」の特徴
　　　処理速度は人間と比べると高速，何度同じ処理を行っても正確に同じ結果を出せる，曖昧な指示は理解できない，ルーチンワークは得意，命令には忠実，など

　　　人間の「処理」の特徴
　　　処理速度は速くない，繰り返しの作業は苦手，曖昧な指示でも作業ができる，自分で最適な手順を考えることができる，など

5-4-3)　脳とコンピュータの大きな違いの1つは，プログラムの形態です．人間の脳には最初は大したプログラムは入っていなくて，五感に反応するなどのBIOS（コンピュータの入力や出力を制御するための基本的なプログラム）に近い機能があるだけです．多分，赤ちゃんは「ものがぶつかると音がする」ということも知らないでしょう．でもその様子を何回か見ているうちに音がするのが当たり前と認識するようになります．
　　　コンピュータは経験したことを取り込むことは（現時点では）ないと思います．確かに学習機能はありますが，学習できる範囲や種類が決定的に違います．ノイマン型のコンピュータは「あらかじめ」予定された行動仕様（プログラム）に従って動くだけですが，人間の脳は経験によってほとんどすべての反応様式に対応します．敢えて，感情とか直感とかはいいませんが，事務処理の仕方とか受け答えの仕方なども教えればできるようになります．そのための専用のプログラムがないところから経験によってできるようになるわけです．
　　　ニューロコンピュータとして，そのような動作をさせる試みが成されていると聞きますが，現状では規模や精度など，全く比較にならないようです．人間の脳は食べ物がないと動かない．間違いをする．忘れる．遅い．コンピュータは電気がないと動かない．間違いをしない．忘れない．速い．

コンピュータは人間の脳の機能を『記憶』『演算』『制御』などに細かく分けてそれぞれを部品化しています．だから，理解できないことでも何でも覚えることができます．そして，コピーすれば同じ知識を持ったコンピュータがいくらでも作れます．しかし，人間をコンピュータと同様に考えて，自分の考えを相手にコピーしようとしても，それは無理です．人間とコンピュータは決定的に違うからです．人間はニューロと呼ばれる140億個の脳細胞が互いに繋がり漠然と機能を実現しています．漠然としているから忘れたり間違えたりもするが，逆に豊かな創造性や感情も生まれます．人間の脳にはコンピュータのような記憶部品も計算回路もない．だから知識はコピーできないし，理解できないことは覚えられません．同じテレビドラマを見ていても感じ方はみんな違っています．私は大学の授業の後に，学生が何を理解し，どう感じたかをいつもeメールでフィードバックしています．同じことを教えても各自の経験によって理解の仕方には大きな個性がある．だから，人間は面白いのです．

5-5-1) 工場長の関心は，どんな部品から構成されているのか，材料は何か，どのように組み立てるのか，寸法はどのくらいでどこの精度が重要なのかなどです．ものを作る人の気持ちを考えて，情報を提供してあげましょう．

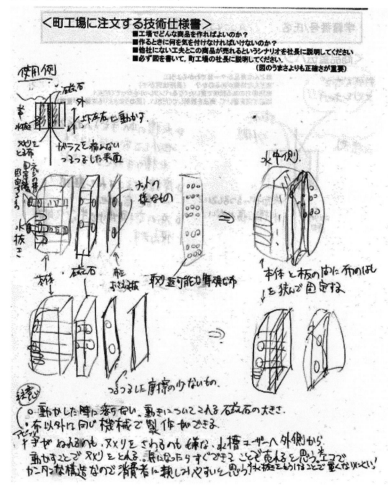

解答のヒント

5-5-2) ユーザーにこの商品の魅力を端的にわかってもらわないといけません．もっといえば，興味を持ってもらわなければなりません．どのようにして，興味をひいて，面白い，役に立つと思わせてお金を払わせるかがポイントです．他社にないユニークな機能であることをわかってもらいましょう．例えば，マンガでわかりやすく表現してみてはいかがですか？これを見ると詳しいことは何だかわからないですが，面白そうな効果があり，ちょっとのぞきたくなれば宣伝効果抜群です．

6)「知識を活用し，現実的な値や形を決定できる力」を養う練習問題

6-1-1)「This is a pen.」と書いてあります．

6-1-2) ビット数を増やすしかないですね．例えば，シフトJISコードの場合，2バイトで表現されます．16桁というわけです．

6-2-1) 下のグラフの記載例を参考にしてください．

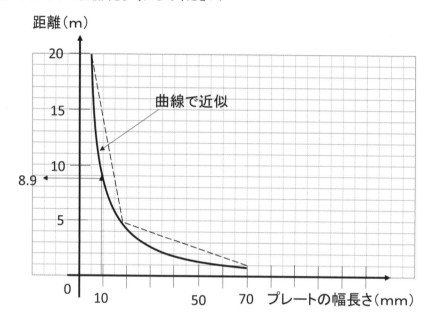

データが3点しかないので，直線で結ぶとグラフ上の破線のようにちょっと不自然になります．フリーハンドで滑らかに結んで見てください．おおよそ，答えは，9 m前後であることがわかります．

6-3-1) 例えば，

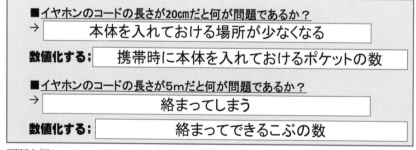

他の問題も探してみてください．ただし，問題の程度が数値化できないと利用できません．

解答のヒント

6-3-2) 本文を参照してください．

6-3-3) 例えば，，

携帯電話/スマートフォンの数字ボタンの大きさ（1辺の長さ）

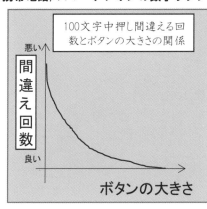 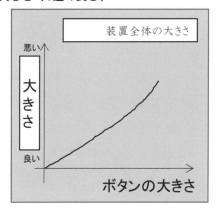

縦軸は，ともに大きな数字になると使う人にとって好ましくなくなる量を選びます．他の指標を考えてみましょう．

6-3-4) 例えば，，

ノードパソコンのバッテリー容量仕様設計

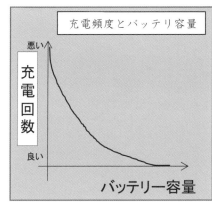 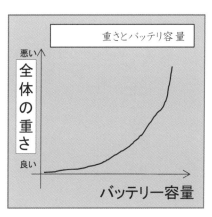

バッテリー容量が増えると電源コンセントにつながないで使える時間が長くなりますが，その分，コンピュータ全体の重さがバッテリーにより重くなってしまいます．ここが，商品開発のポイントですね．できるだけ軽くしたいけれども，軽くするとすぐ電池がなくなってしまう．でも，もし，電池の性能が飛躍的によくなり，軽くて長持ちする電池ができればこのトレードオフ構造は大きく変わります．こういうことが技術革新の1つです．

6-4-1) グラフBより，道路を走行するときの一般的なドライバの平均走行速度分布は，60 km/hであるので，グラフのAにおいては，時速60 km/hで走行したときの走行距離に着目します．なお，バッテリーが走行中なくなると動けなくなってしまい，致命的な問題なので，万が一のため，バッテリーの消耗が早い80 km/hを設計速度とする考え方もあります．この辺の

考え方が，設計思想というわけです．ここでは，60 km／h で設計することにします．走行距離が長い方が「利用者にとって良いこと」ですので，グラフ A の最大 200 km／h を正規化の値，1 に対応させ，下のようなグラフができます．

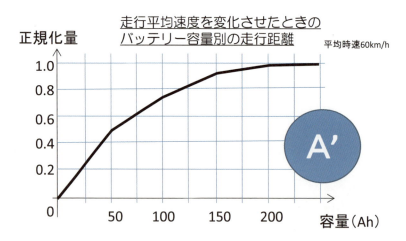

6-4-2) バッテリーの価格は，容量が多くなれば高くなります．高いことは，ユーザーにとって好ましくないことです．そこで，正規化値＝（1 －（グラフ B の値－50）／ 200）の変換式を考えます．実際は，経験的に補正したり，アンケート調査などで調整する必要があります．ここでは，簡単のため，上記のような関数でバッテリー価格とお客さんの満足を関係づけました．

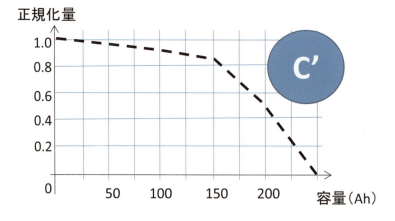

6-4-3) バッテリー容量と故障率の関係も 6-4-2 のように

$$正規化値＝（1－（故障率の値－2）／ 4）$$

としてみましょう．バッテリー容量とそのバッテリーの故障に対するユーザーの満足程度を表します．故障率が 0 ならば，ユーザーは満足ですが，故障率が増加すると不満になり，縦軸の値が小さくなります．実際には，この数値をどのように見積もるかが大変重要です．

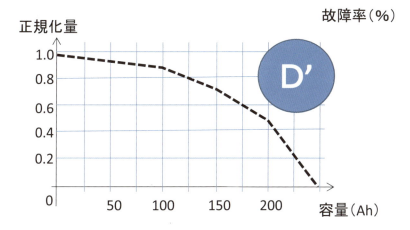

6-4-4) 今までの3つのグラフを同じグラフ用紙に重ねて書いてみましょう．おおむねグラフが重なったところが，「商品化するための妥協点」と考えられます．

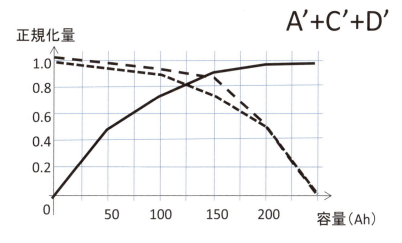

3つの線は，完全に1点では交わりませんが，おおむね125 Ah あたりが設計値として好ましいと考えられます．

注意：この練習では，縦軸を最大値に対して正規化した値を使いました．最終的には，すべてのグラフの交点を求めます．ただ，この方法では，変数が異なっても，正規化された縦軸で1と0.5の関係がすべて同じに表現されるので，0.5になることが奇跡的に大きな変化に対応するのか，ちょっと改良すれば0.5になるのか，最終判断のプロセスには反映されません．よって，この練習で扱った手法は，概要の説明だと思ってください．厳密には，縦軸の感度や正規化した値と商品としての価値とを考慮しながら決定していきます．複雑なため，ここでは省略しました．

解答のヒント

6-5-1) 1つの例を示します．他の方法もありますが，現実的で容易に作れる仕組みを考えなければいけません．後，重要なことは，どことどこが繋がっているのか，どこが何に固定されているのかがわかるように描くことです．下の図では歯車の位置が扉が開いたときの場所よりも左右外側になければ扉が全開できません．

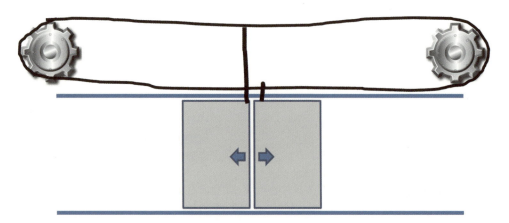

6-6-1) 回転するドラムにたくさん穴が開いています．この穴の大きさが，入口から出口に向かってだんだん大きくなってきます．そこで，この回転ドラムに入ると小さいものが小さな穴から下に落下し，大きさによって分類されて下に落ちる仕組みになっています．つまり，この装置は，物体の大きさで分類する機械なのです．

6-7-1) 木を正面に見て対岸に立ち，そこから右側か左側のどちらかに川に沿って歩いていきます．そして川の流れに対して垂直な方角から（川を正面に見て），ちょうど45度の角度に木が見える位置になるまで歩いたら止まります．最初の位置から移動した距離を測れば，その距離が川幅の長さと同じはずです．直角二等辺三角形の，他の2角は45度である性質を利用しています．

6-7-2) 三角関数を利用します．$\tan\theta =$（対辺）／（底辺）$= b/c$ から θ がわかれば $\tan\theta$ と c の長さから，b の長さ，すなわち木の高さが求まります．答えは，木の高さ $= \tan\theta \times$ 川幅

6-8-1) 距離が測定できる近場の範囲で，山頂を見上げた視線と重なるように，ポールや木などを対象物として，その対象物までの距離と高さの比を求めておきます．いくつかの対象物を測り，その比の精度を高められれば，後は三角形の相似の性質を利用して，山までの距離から高さを求められます．

6-8-2) 1 m 離れた距離の物体の高さが 17.6 cm なので，見込む角度は，$\tan\theta =$（対辺）／（底辺）$= 0.176$ であり，5 m 離れた物体の高さが 88.3 cm なので，見込む角度は，$\tan\theta =$（対辺）／（底辺）$= 0.1766$ で，どちらもほぼ同じ角度（$\tan\theta$ の平均値 0.1763．約 10 度）で相似が成り立っていることがわかります．逆にいうと，てっぺんを結んだ延長線が重なっていることから相似が成り立っていることがわかり，1000 m 先の物体の高さも三角比から求められます．答えは，$1000 \times 0.1763 = 176.3$ m．

解答のヒント

6-9-1)　下のグラフを参考にしてください．

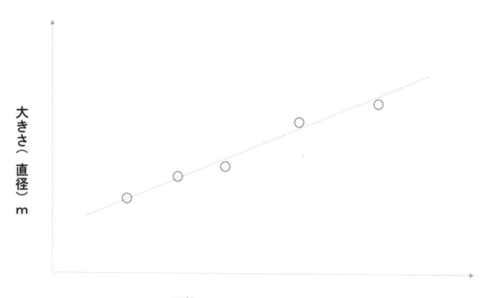

6-9-2)　グラフから直線の傾きは，0.0092 となります．
　　　　月の大きさは，380000 km × 0.0092 ＝ 3496 km．およそ直径 3500 km．

6-9-3)　太陽の大きさは，15000000 km × 0.0092 ＝ 1380000 km．およそ直径 140 万 km．

　　　　本当の月の直径は，3474.8 km，太陽の直径は，139.2 万 km なので，いずれも真の値に近い数字となりました．参考までに地球の赤道方向の直径は，12756 km です．

■著者紹介

高橋　宏（たかはし　ひろし）
　20年間自動車メーカーの研究所に勤務し，その後大学で教鞭をとっています．エンジニアの育成に関しては，大学で基礎的な知識を習得し，企業に入ってからOJTにより適応力や実践力を醸成してゆくものと割り切っていました．しかし，業務分野に特化した「知識の深さや広さ」を企業で育成するという視点だけでなく，「知識をうまく使ってなんとか問題を解決する意欲」という観点も重要であると痛感していました．「意欲」とか「考えるくせ」は，なかなか急に身に付くものではありません．そして，「答えが1つに決まらない問題」や「自分で問題を作り，自分で答えを導く問題」といった世の中ではよくあるケースを大学で基礎を勉強する時期に体験する必要があるのではないかと感じています．それにより，大学（学部）での勉強の視野が広がるのではないかと思います．まず，問題に対して関心を持ち，なぜだろうと不思議に思う．そして，自分なりの方法でその謎を解決しようと努力する．そんなプロセスに楽しみを感じてもらえたら，著者の1人としてうれしい限りです．

本多　博彦（ほんだ　ひろひこ）
　高エネルギー天体物理学を大学院，国立研究所で研究して，その後大学の教員になりました．研究員時代は実験や解析をするのが主で，いかに効率的に測定し，どのようにデータを選別し，どうやって分析するのかを学びました．今は，人とコンピュータのやり取りを支援する研究をいっています．対象は変わっても，何らかの現象を観測したり，あるいは何か情報を得たときなど，それをどのようにとらえどう分析するか，筋道を立てて考えることは非常に重要なことです．この本で学ぶことは，理にかなった考え方をきちんと身に付けるための練習だと思ってください．

牧　紀子（まき　のりこ）
　20年近くなんだかんだと大学教育に携わっています．一瞬社会に出た際に，社会で求められる力と勉強で得た知識のギャップを感じました．社会では大学で得た知識とそれを実践につなげる力の両輪が求められています．求められる力はいろいろとありますが，学生とかかわる中で，いろいろな場面を通じて，「考える」ことの大切さを感じています．答えは1つではありません．ものの見方も1つではありません．ぜひ，この練習帳を通じて頭の体操をして，いろいろな考え方を身に付けてください．

挿入したイラストや写真などは以下の著作権フリーのソースから利用させていただきました．ありがとうございました．

http://www.irasutoya.com/　　（いらすとや）2015.8.30

http://pictogram-free.com/information/rule.html（ピクトグラム無料素材）2015.8.30

また，2-3)では，下記商品を教材として取り扱わせていただきました．
・エヴァリス ラウンドオフ クリーナー ミニ
http://www.fish-neos.com/item/109398.html

JCOPY ＜(社)出版者著作権管理機構 委託出版物＞	
2015　　　2015年11月19日　第1版第1刷発行	

エンジニアになるための
初級工学練習帳

著者との申
し合せによ
り検印省略

ⓒ著作権所有

定価(本体2000円＋税)

著作代表者	高橋　宏（たかはし ひろし）
発　行　者	株式会社　養賢堂 代表者　及川　清
印　刷　者	株式会社　丸井工文社 責任者　今井晋太郎

発　行　所　〒113-0033　東京都文京区本郷5丁目30番15号
株式会社 養賢堂
TEL 東京(03)3814-0911　振替00120
FAX 東京(03)3812-2615　7-25700
URL http://www.yokendo.co.jp/

ISBN978-4-8425-0540-4　C3053

PRINTED IN JAPAN　　　製本所　株式会社丸井工文社
本書の無断複写は著作権法上での例外を除き禁じられています。
複写される場合は、そのつど事前に、(社)出版者著作権管理機構
(電話 03-3513-6969、FAX 03-3513-6979、e-mail:info@jcopy.or.jp)
の許諾を得てください。